武夷山
野生药用植物资源
WILD MEDICINAL PLANT RESOURCES IN WUYI SHAN

程松林　袁荣斌　刘　勇　主编

科学出版社
北　京

内 容 简 介

　　本书是一部综合展示武夷山区药用植物资源专项调查成果的专著，对做好该地区野生药用植物种质资源保护、优良遗传基因开发利用，以及改变区域林农业发展单一局面等具有重要的指导意义。从武夷山区记录的1436种野生药用维管植物中，本书筛选出有重要应用前景和药用价值的野生药用植物345种，记录了每个物种的中文名、拉丁名、生物学特性、生境、药用部位、采收、功效及主治病症等，并配有植株或主要器官特征、药材形态的照片近千幅。

　　本书可供中医药学、农林种植、食品加工、养生保健、资源保护等专业的师生，以及从事相关学科研究的机构和政府部门、资源管理单位、执法机构等参考。

图书在版编目（CIP）数据

武夷山野生药用植物资源/程松林，袁荣斌，刘勇主编.—北京：科学出版社，2020.6
　ISBN 978-7-03-063774-1

　Ⅰ.①武… Ⅱ.①程… ②袁… ③刘… Ⅲ.①武夷山–药用植物–植物资源–研究 Ⅳ.①Q949.95

中国版本图书馆CIP数据核字（2019）第281197号

责任编辑：马　俊　付　聪　陈　倩 / 责任校对：郑金红 / 责任印制：肖　兴
书籍设计：北京美光设计制版有限公司

科　学　出　版　社　出版
北京东黄城根北街16号
邮政编码：100717
http://www.sciencep.com

北京汇瑞嘉合文化发展有限公司 印刷
科学出版社发行　各地新华书店经销
*

2020年6月第 一 版　　开本：889×1194 1/16
2020年6月第一次印刷　印张：16
字数：540 000
定价：268.00元
（如有印装质量问题，我社负责调换）

　　绵亘于江西和福建两省之间、长约 500km 的武夷山山脉，以其壮观的地貌和丰富的动植物资源闻名于世，主峰黄岗山海拔 2160.8m，是我国大陆东南部的最高峰，享有"大陆东南第一峰"之称。武夷山国家级自然保护区保存有原生性完好的自然生态系统和我国东南部极为罕见的原始森林，其中分布有独特而丰富的药用植物资源，是闻名中外的生物基因库。

　　中医中药是人类文明史中一颗璀璨的明珠，为中华民族五千年文明的延续做出了突出贡献。作为中医药事业赖以生存发展的重要物质基础和中医药的传承支撑，中药资源是国家重要的战略性资源。

　　刘勇教授长期从事中药资源的野外调查与研究工作，对江西药用植物种类、分布状况、民间应用和中药材生产加工等有深入的研究，编撰过《江西中药资源》《野生药用植物原色图鉴》《中国万载常见中药资源图鉴》等多部中药资源方面的专著。

　　自 2013 年开始，武夷山国家级自然保护区与刘勇教授带领的团队密切合作，充分发挥自然保护区的资源优势和中医药大学的技术优势。经过近 5 年的时间，对武夷山国家级自然保护区及其相邻区域的野生药用资源进行了详细、深入的调查和研究，取得了丰硕的成果。

　　为更好地发挥自然保护区的生物基因库作用，服务人民群众的健康事业，武夷山国家级自然保护区与江西中医药大学技术团队在前期工作的基础上，对该自然保护区及其相邻区域具有重要医药价值、应用前景和地域特色的 345 种野生药用植物进行了系统归纳，编写了《武夷山野生药用植物资源》一书。

　　《武夷山野生药用植物资源》重点记录了武夷山国家级自然保护区及其相邻区域内 345 种野生药用植物的中文名、拉丁名、生物学特性、生境、药用部位、采收、功效及主治病症等，图文并茂，兼具研究性与科普性，可读性强。该书既能为读者了解武夷山区药用植物资源状况提供翔实的资料，也能为科学研究及寻找新的天然药物资源提供线索与依据。

　　披阅之余，甚为欢慰。是为序！

中国工程院院士

中国中医科学院院长

中国植物学会药用植物及植物药专业委员会主任委员

2019 年 5 月 28 日

　　野生药用植物是极其重要的天然药物资源，是中医药健康产业的物质基础。近年来，"人类保健需要传统医药"的观念逐渐被社会接受，利用植物资源开发研制的医疗保健产品备受大众青睐；随着全社会对天然药用植物及其保健产品的重视，药用植物已成为我国社会经济发展及大众医疗保健的战略性资源。因此，在自然保护区开展药用植物资源调查是寻找药用植物新资源并研发天然新药物的重要途径，同时也是发挥自然保护区"资源库"作用的重要途径。

　　武夷山国家级自然保护区地处我国大陆东南部最高峰——黄岗山（海拔 2160.8m）西北坡，全区平均海拔约 1200m，是我国大陆东南部最高的山地自然保护区。

　　保护区保存有典型的中亚热带中山山地森林生态系统，植被垂直带谱典型发育，是我国东南部极为罕见的原始状态森林主要分布区和我国 40 个具有国际保护意义的 A 级自然保护区之一。区内水热资源丰沛、小生境多样性丰富且人迹罕至，保存有武夷小檗（*Berberis wuyiensis*）等大量的特有种和匙叶草（*Latouchea fokiensis*）、小木通（*Clematis armandii*）、狭叶重楼（*Paris polyphylla* var. *stenophylla*）、梅花草（*Parnassia palustris*）等稀有高山药用植物资源。武夷山区是我国东南部地区最为重要的野生药用植物种质基因库。

　　自 1981 年建立省级自然保护区以来，研究人员对武夷山自然保护区陆续开展了动植物自然资源本底调查，记录高等植物约 3000 种、脊椎动物 500 余种，这些内容丰富的基础性调查成果为开展野生药用植物资源专项调查奠定了基础。

　　为更好地了解和掌握武夷山国家级自然保护区药用植物资源状况，以期为保护区管理机构制定更加科学合理的药用植物资源保护措施提供理论依据，2013 ～ 2017 年，我们充分发挥各自的优势，践行"自然保护区 - 高校密切合作"机制，采用线路调查、样方调查、民间走访、标本采集等调查研究方法，在不同季节和时间段连续 4 年对武夷山区野生药用植物进行调查，共记录野生药用维管植物 219 科 748 属 1436 种（约占江西省野生药用植物（含栽培种）种数的 42.57%），其中临床和民间常用的药用植物 800 余种，采集到植物标本 2000 余份，拍摄药用植物照片 2 万余张，发现了异叶囊瓣芹（*Pternopetalum heterophyllum*）等一批植物江西分布新记录，极大地丰富了武夷山区乃至江西省药用植物的物种资源。

　　为便于读者了解武夷山区生物研究历史，尤其是在植物、植被方面的主要研究成果，我们在"第一章　概论"中将收集到的武夷山相关研究文献的第一作者姓名、发表年份、主要观点和 / 或结果进行摘录，作为需要深入了解相关研究情况的读者的资料索引。

　　承蒙我国著名中药资源专家、中国工程院院士黄璐琦先生审阅书稿并作序，特此致谢！

　　由于作者水平有限，书中难免存在不足之处，恳请读者指正！

编 者

2019 年 5 月 20 日

Contents | 目　录

第一章 概论

INTRODUCTION

一、武夷山国家级自然保护区自然环境与前期相关研究

在世界环北半球亚热带，多数地方是大面积的沙漠或半荒漠，生物多样性极其贫乏，而在我国的亚热带区域却是生机勃勃。

武夷山山脉于台湾海峡之西、赣江-鄱阳湖之东巍然耸立，是我国自然地理第三阶梯重要的中山山地和世界生物多样性保护的关键地区之一，是闻名全球的"世界生物之窗"。山脉北端在赣闽浙交界处与仙霞岭相接，南端于赣闽粤交汇处与南岭余脉相连，全长超过500km，是赣江-鄱阳湖水系和闽江流域的天然分水岭。

武夷山国家级自然保护区位于武夷山山脉主峰黄岗山及其周边区域，地理坐标为27°48′11″N～28°00′35″N、117°39′30″E～117°55′47″E，面积16 007hm²，海拔300～2160.8m，平均海拔约1200m，是我国大陆东南部最高的山地自然保护区。武夷山国家级自然保护区的历史可追溯到1975年，当时的江西省上饶地区行政公署在武夷山建立了包括黄岗山和猪母坑、老厂、茶垄坑一带的"武夷山森林保护区"，是江西省和武夷山山脉最早的保护区；1981年在此基础上组建了省级自然保护区；2002年晋升为国家级自然保护区。

依据《自然保护区类型与级别划分原则》（GB/T 14529—1993），武夷山国家级自然保护区属于自然生态系统类别中的森林生态系统类型自然保护区。主要保护对象为中亚热带中山山地森林生态系统及其国家重点保护植物原生地和国家重点保护动物栖息地。保护区内年平均气温14.2℃，年平均降水量2583mm，年平均蒸发量778mm。宋蝶等（2017）依据中国气象数据网数据研究发现，1960～2013年江西铅山武夷山区气温缓慢上升（增幅0.175℃/10年），降水量年际波动剧烈（1207～2764.4mm），未来气候朝着变暖、变干的方向发展。武夷山国家级自然保护区地处中亚热带东部，地带性植被为常绿落叶阔叶混交林和常绿阔叶林；海拔1400m以上保留有大面积的、林龄超过200年的原始森林和原始中山灌丛-草甸，植被垂直带谱典型发育；物种南北过渡性特征明显，记录有脊椎动物500余种、高等植物约3000种，以占江西省约1‰的面积，保存了江西省60%以上脊椎动物和50%以上高等植物的物种基因，森林覆盖率超过96.0%，为我国东南地区山地森林生态系统的典型代表和江西省已知生物物种富集度最高的山地。

在本项目研究之前，武夷山国家级自然保护区没有进行过药用植物资源专项调查，有关植物的研究工作主要集中在物种、植被和区系等方面。

1849年，英国的园艺学者福琼（R. Fortune）从浙江进入江西，途经玉山、广信（今上饶市信州区）来到铅山县河口镇，然后继续向南到达武夷山区。在闽赣两省交界山道旁，福琼收集到不少野生植物标本，其中包括很有观赏价值的乌桕（*Triadica sebifera*）和绣球（*Hydrangea* spp.）等，并见到了一棵兀自独立，"至少有120英尺（约36.6m）高，也许还要更高一些，像标枪一样笔直，底部的树枝低拂地面"的柳杉（*Cryptomeria fortunei*）。按当时的交通条件，福琼应当是途经车盘，经分水关（今武夷山国家级自然保护区车盘保护管理站辖区）进入福建崇安（今福建省武夷山市）。此后，西方学者及标本商人纷纷慕名到武夷山区进行标本采集。最为著名的是法国传教士谭微道，又称戴维或大卫（A. David）。1873年的秋天，谭微道从江西九江出发，途经闽赣交界的王毛寨（地名暂无考证），随后进入了地处武夷山区的福建崇安，并长期居住在一个叫挂墩（属武夷山市星村镇桐木村）的小山村的传教点，谭微道在这里采集了大量的脊椎动物标本，还采集了五岭龙胆（*Gentiana davidii*）、榧树（*Torreya grandis*）等植物标本。其他先后到过武夷山区进行标本采集的还有：班德瑞（F. S. A. Bourne）、拉陶齐（J. de La Touche）、里科特（C. B. Rickett）、斯特扬（F. W. Styan）、斯坦利（A. Stanley）、蒲伯（C. H. Pope）、史密斯（F. T. Smith）、克拉帕里奇（J. Krapperich）、豪恩（H. Höne）等西方学者和标本商人。他们的标本采集主要依靠聘请当地山民，重点是对动物标本的采集，居住地基本在福建武夷山市范围的三港、挂墩、麻粟（主要为脊椎动物标本采集）和福建建阳区范围的

大竹岚（主要为昆虫标本采集）。这些标本的采集和随后一大批模式物种的发表，使这些深藏武夷山腹地的小山村成了闻名世界的模式标本产地。

而三港、挂墩、麻粟、大竹岚这 4 个小村庄与武夷山国家级自然保护区边界的距离在 5 ～ 10km，通过桐木关的赣闽盐茶古道 [在清朝咸丰年间就是连接江西省铅山县、贵溪县（今贵溪市）和福建省建阳县（今建阳区）的"商贩盐挑来往之枢"] 相连。但这些西方学者、标本商人和他们聘请的标本采集人的采集范围是否涉及武夷山国家级自然保护区范围，暂无资料考证。

20 世纪初叶以来，国内学者开始涉足这一区域，进行生物科学调查与研究。他们从事的植物、植被、区系和生态等方面的主要工作内容与成果摘要如下。

20 世纪 20 ～ 40 年代，以胡先骕、秦仁昌、陈封怀等老前辈为代表的植物学家在武夷山山脉西坡广信府（今江西省上饶市）的武夷山及其支脉进行了植物标本的采集和调查。

20 世纪 50 ～ 70 年代，林英等植物学家多次到黄岗山地区进行植物调查，先后在武夷山主峰西北坡（武夷山国家级自然保护区范围）发现了古老的残存植物连香树（*Cercidiphyllum japonicum*）和领春木（*Euptelea pleiosperma*），并发现有柳杉、南方铁杉（*Tsuga chinensis* var. *tchekiangensis*）原始林分布。

秦仁昌（1963）报道了武夷山区闽浙圣蕨（*Dictyocline mingchengensis*）新种。

程景福（1965）发现江西有骨碎补科（Davalliaceae）植物 3 属 4 种，产于武夷山、庐山、九连山；禾叶蕨科（Grammitidaceae）1 属 1 种，产于武夷山。

江西省林科所等（1975）通过对武夷山海拔 800 ～ 2160.8m 的 20 000 余亩[①]（可能为武夷山国家级自然保护区前身"武夷山森林保护区"区域）林地的调查发现，人工林小块分布于海拔 700 ～ 1200m；常绿落叶阔叶混交林为该地区面积最大的主要森林类型，分布于海拔 900 ～ 1300m；针叶阔叶混交林分布于海拔 1300 ～ 1600m；针叶林分布于海拔 1500 ～ 1800m；高山矮林分布于海拔 1900m；山顶草甸高度 1m 左右，分布于海拔 1900m 以上的山顶山脊。标准地调查（成林面积 1 亩，天然林更新样方面积 100m²）结果显示：柳杉纯林分布于海拔 800m，林龄 30 年，立木 27 株，单株材积 0.5553m³，蓄积量 15.0031m³/亩；黄山松（*Pinus taiwanensis*）混交林分布于海拔 1400m，林龄 50 年，立木 27 株，单株材积 1.7680m³，蓄积量 47.7360m³/亩；亮叶桦（*Betula luminifera*）纯林分布于海拔 1200m，林龄 22 年，立木 312 株，单株材积 0.0700m³，蓄积量 21.8400m³/亩；南方铁杉混交林分布于海拔 1700m，林龄 180 年，立木 20 株，单株材积 1.2905m³，蓄积量 25.8100m³/亩；南方铁杉在林缘地带更新比较成功，黄山松和亮叶桦在植被低疏地块更新较好；1974 年和 1975 年，江西省农林垦殖科学研究所和上饶地区林业科学研究所将亮叶桦分别在南昌、余江进行了丘陵引种与造林试验。

吴征镒在《中国植被》（1980 年）中论述"温性针叶林"的柳杉林时特别指出：柳杉要求空气潮湿的生境，比杉木（*Cunninghamia lanceolata*）更喜湿，在海拔 1000m 以上的中山生长较杉木为优。其主要分布在浙江、福建、江西等山区，河南、安徽、江苏、四川、广东、广西局部地区也有少量分布，多系人工栽培，天然的柳杉林已极为罕见。赣东武夷山海拔 1300 ～ 2000m 处尚有残存的天然纯林，部分与南方铁杉混交。在论述"亚热带常绿阔叶林区域与世界各主要区系的联系"时再次指出：本区域山地针叶林中的柳杉在武夷山海拔 1500m 以上尚有原始林。

秦仁昌（1981）发表了产自武夷山区的武夷粉背蕨（*Aleuritopteris wuyishanensis*）、武夷山铁角蕨（*Asplenium wuyishanicum*）、武夷山凸轴蕨（*Metathelypteris wuyishanica*）、武夷耳蕨（*Polystichum wuyishanense*）、尖头耳蕨（*Polystichum acutipinnulum*）、武夷假瘤蕨（*Phymatopsis wuyishanica*）、密果瓦韦（*Lepisorus myriosorus*）等新种。

郑万钧（1981，1983）厘清了南方铁杉的分类地位，认为分布于武夷山等地的南方铁杉的形态特征与铁杉（*Tsuga*

---

① 1 亩 ≈ 666.7m²，下同。

chinensis）的区别在于：南方铁杉的针叶下面有白粉带，球果中部的种鳞圆楔形、方楔形或楔状短矩圆形。二者分布地区不同，将其学名 *Tsuga tchekiangensis* 作为种的等级较为自然。在武夷山自然保护区海拔 1000 ～ 1800m 有片状南方铁杉纯林和上百年的老树，其中，130 年生、树高 21.4m、胸径 35.7cm 的老树单株材积为 0.8730m³。

林来官（1981）在黄岗山海拔 1400m、1500m、1850 ～ 1900m 记录到中国虎耳草科（Saxifragaceae）涧边草属（*Peltoboykinia*）（新记录属）的涧边草（*Peltoboykinia tellimoides*）（新记录种）。

施兴华（1981）根据 1973 年以来的江西省木本植物调查研究整理发现，在铅山县武夷山的黄岗山有成片的（南方）铁杉林，以及厚朴（*Houpoea officinalis*）等珍贵树种。

黄兆祥（1981）研究认为，江西的黄山松林多呈自然林分布，一般多为纯林，主要分布在武夷山等中山山地海拔 800m 以上的山地和山脊、峭壁地带，最大胸径可达 45cm，树高最高可达 20m 以上。柳杉林主要分布在武夷山区海拔 600 ～ 1800m 的低山、中山山地，有的胸径可达 1.0m，立木高达 22 ～ 28m；根据对 1 棵 65 龄的柳杉树干的解析，其单株材积 1.523 33m³。南方铁杉林在武夷山海拔 1500 ～ 1900m 处有成片纯林；根据对 1 棵 126 龄的南方铁杉树干的解析，其单株材积 1.033 59m³。

黄友儒等（1981）研究发现，黄岗山海拔 1800m 以上的山顶或缓坡地段的亚热带山地草甸群落总盖度 80% ～ 95%，主要以禾本科(Gramineae)的野青茅（*Deyeuxia pyramidalis*）、日本麦氏草（*Molinia japonica*）、芒（*Miscanthus sinensis*）、毛秆野古草（*Arundinella hirta*）为建群种，此外常见的还有牡蒿（*Artemisia japonica*）、风毛菊（*Saussurea japonica*）、线叶蓟（*Cirsium lineare*）等 20 余种草本植物和稀疏的幼龄灌木。研究认为，该区域草甸为火灾后次生。

俞志雄（1982，1983，1986，1988，1991，1999）在武夷山自然保护区先后发现和报道了武夷山石楠（*Photinia wuyishanensis*）、武夷悬钩子（*Rubus jiangxiensis*）、铅山悬钩子（*Rubus yanshanensis*）3 新种，以及武夷山花楸（*Sorbus amabilis* var. *wuyishanensis*）、武夷山空心泡（*Rubus rosifolius* var. *wuyishanensis*）、无刺空心泡（*Rubus rosifolius* var. *inermis*）、腺毛三花悬钩子（*Rubus trianthus* var. *glandulosus*）4 新变种。

农植林（1984）研究发现，武夷山森林植被与安徽黄山的森林植被极为近似；南方铁杉林、黄山松林、柳杉林可视为华东山地特有的森林植被；植物区系成分充分显示了华东植物区系从暖温带到亚热带逐步过渡的特点，与日本植物区系有着密切的联系；林区有许多古老、珍贵和优良的树种。

黄小强（1985）记录铅山武夷山野生木本植物 608 种 33 变种；水松（*Glyptostrobus pensilis*）在该区有分布，但未采到标本。该区区系成分特点：种类不算很丰富，但地理成分很复杂；较好地反映了典型的中亚热带东部地区的木本植物区系特点；珍稀和古老植物较多。常绿阔叶林通常在海拔 1300m 以下，有的地方海拔可达 1500m 左右；针阔混交林，在海拔 1200m 以下为马尾松（*Pinus massoniana*）和少量的杉木与阔叶树混交，在 1200 ～ 1900m 的高海拔为黄山松、南方铁杉、柳杉与阔叶树混交；针叶林有黄山松林（广布于海拔 1200m 以上山脊的上坡位），南方铁杉林和柳杉林（分布于海拔 1400 ～ 1900m 地区），以及马尾松林、杉木林。记录江西省木本植物 1 新属：臭樱属（*Maddenia*），以及巴山榧树（*Torreya fargesii*）、鄂西绣线菊（*Spiraea veitchii*）、尾叶悬钩子（*Rubus caudifolius*）、浙闽樱桃（*Cerasus schneideriana*）、臭樱（假稠李）（*Maddenia hypoleuca*）、糙叶楤木（*Aralia scaberula*）、蓪梗花（*Abelia engleriana*）、二翅六道木（*Abelia macrotera*）、毛柘藤（*Maclura pubescens*）、过路惊（*Bredia quadrangularis*）、漆叶泡花树（*Meliosma rhoifolia*）、刺果毒漆藤（*Toxicodendron radicans* subsp. *hispidum*）、亮叶槭（*Acer lucidum*）、扁柄菝葜（*Smilax planipes*）、长托菝葜（*Smilax ferox*）、延龄草（*Trillium tschonoskii*）、尖叶半枫荷变种（*Semiliquidambar caudata* var. *cuspidata*）、毛枝蛇葡萄（*Ampelopsis rubifolia*）18 个江西省新记录种（亚种、变种），粉绿钻地风（*Schizophragma integrifolium* var. *glaucescens*）、少毛变叶葡萄（*Vitis piasezkii* var. *pagnucii*）2 个江西省

新分布的变种。

林鹏和叶庆华（1985）认为黄岗山草甸植被可分为：山顶中生草甸、稀矮松草甸、沼泽化草甸三大类；草甸生物量（鲜重）为 217.4～400.7kg/m²，鲜草含水率为沼泽化草甸（超过 81%）＞稀矮松草甸（78.6%）＞山顶中生草甸（66.3%）。并认为该区域草甸是环境因素导致的原生植被类型或偏途演替类型，属于林线以上相对稳定的群落类型。

林英（1986）在《江西森林》中描述：武夷山自然保护区分布的柳杉林、铁杉林、黄杨（Buxus sinica）矮曲林是我国残存的唯一半原始天然林，对研究我国亚热带山地植被的分布规律及中亚热带东部山地针叶林生态系统具有重要价值。这里是我国亚热带中山森林景观保存较为完整、较原始的典型地段，反映了当地生态系统的本来面貌，以及植被和环境的相互关系。

胡启明（1986）发现和报道了武夷小檗（Berberis wuyiensis）、福建小檗（Berberis fujianensis）2 新种，记录了庐山小檗（Berberis virgetorum）在武夷山自然保护区的分布。

陈艺林（1988）发现和报道了武夷蒲儿根（Sinosenecio wuyiensis）新种。

李林初（1988）通过对铁杉属（Tsuga）植物核型的比较，认为南方铁杉核型与台湾铁杉（Tsuga formosana）、卡罗来纳铁杉（Tsuga caroliniana）核型的进化水平甚为相近。进一步比较发现卡罗来纳铁杉核型不对称系数较高，表明卡罗来纳铁杉比南方铁杉和台湾铁杉更为进化。赞同铁杉属至少早在新近纪就存在一条从欧亚大陆经过白令海峡到达北美洲的迁移路线的研究结论。东亚现代分布的铁杉属植物的核型应该比较原始。

程景福和徐声修（1993）发现并报道了蛇足石杉（Huperzia serrata）、石松（Lycopodium japonicum）、垂穗石松（Palhinhaea cernua）、扁枝石松（Diphasiastrum complanatum）等石松类植物。

程景福等（1998）报道江西省植物科学研究历史时写道：1960 年江西师范学院生物系林英教授等"发现武夷山海拔 800～1600m 地带有柳杉、南方铁杉的天然林，以及丰富的蕨类植物分布"。

姚振生等（1998）对武夷山自然保护区分布的马鞭草科（Verbenaceae）大青属（Clerodendrum）的臭牡丹（Clerodendrum bungei）、大青（Clerodendrum cyrtophyllum）、海通（Clerodendrum mandarinorum）、海州常山（Clerodendrum trichotomum）等药用植物种类、地理分布及临床疗效等进行了描述和本草考证。

季梦成和刘仲苓（2000）报道了细尖隐松萝藓（Cryptopapillaria chrysoclada）、刺叶悬藓（Barbella spiculata）、南亚新悬藓（Neobarbella comes）3 种江西蔓藓科（Meteoriaceae）植物新记录。

姚振生等（2001）根据历年野外调查采集和现有资料，整理得出武夷山自然保护区共有种子植物 181 科 862 属 2305 种，分别属于 14 个分布区类型及 18 个变型。

季梦成等（2002）报道武夷山分布着囊绒苔属（Trichocoleopsis）、多瓣苔属（Macvicaria）、毛枝藓属（Pilotrichopsis）、台湾藓属（Taiwanobryum）、拟金毛藓属（Eumyurium）、小蔓藓属（Meteoriella）、拟木毛藓属（Pseudospiridentopsis）、新悬藓属（Neobarbella）、新船叶藓属（Neodolichomitra）等 9 个苔藓植物东亚特有属；武夷山主峰地区是我国苔藓植物区系中典型的亚热带类型。

陈拥军等（2003）记录武夷山国家级自然保护区药用蕨类植物 40 科 75 属 150 种，占中国药用蕨类植物种数的 34.64%；5 个优势科都是热带、亚热带和世界广布种，物种数占该区药用蕨类植物总种数的 62.67%；通过与九连山自然保护区药用蕨类植物资源对比发现，江西北部药用蕨类植物较南部丰富。

张志勇和俞志雄（2003）报道武夷山区有悬钩子属（Rubus）植物 31 种，占全省悬钩子属总种数的 59.6%；特有种（变种）较多，武夷悬钩子和无刺空心泡为江西特有种。

季春峰和向其柏（2004）报道了木犀属（Osmanthus）狭叶木犀（Osmanthus attenuatus）与网脉木犀（Osmanthus reticulatus）江西新分布。

季梦成等（2007）报道了中国植物新记录 1 种——摩氏长喙藓（Rhynchostegium muelleri），江西省植物新记录

7 属——荷包藓属（*Garckea*）、银藓属（*Anomobryum*）、长柄藓属（*Fleischerbryum*）、隐蒴藓属（*Cryphaea*）、假细罗藓属（*Pseudoleskeella*）、水灰藓属（*Hygrohypnum*）、垂枝藓属（*Rhytidium*），江西省植物新记录 9 种——荷包藓（*Garckea flexuosa*）、银藓（*Anomobryum julaceum*）、长柄藓（*Fleischerbryum longicolle*）、卵叶隐蒴藓（*Cryphaea obovatocarpa*）、疣叶假细罗藓（*Pseudoleskeella papillosa*）、水灰藓（*Hygrohypnum luridum*）、垂枝藓（*Rhytidium rugosum*）、淡叶偏蒴藓（*Ectropothecium dealbatum*）、仰尖拟垂枝藓（*Rhytidiadelphus japonicus*）。

胡殿明和刘仁林（2008）通过夏季在武夷山国家级自然保护区 11 天的野外调查，记录大型真菌担子菌亚门（Basidiomycotina）17 科 44 种。研究认为，区域内真菌种类随着海拔的升高而逐渐增多，当海拔达到 1800m 时大型真菌种类最多（16 种）；当海拔达到 1900m 时，真菌种类则急剧下降。曼青冈（*Cyclobalanopsis oxyodon*）群落中大型真菌种类最多，达到了 17 种；紫茎（*Stewartia sinensis*）群落次之，有 14 种；黄山松群落中种类最少，只发现 1 种。武夷山国家级自然保护区的植被类型非常丰富，是研究植被与大型真菌之间相互关系的理想地点。

詹选怀等（2008）研究发现武夷山蕨类植物综合系数高达 0.5115，是江西蕨类区系成分丰富程度最高的三大区域之一。

程松林（2008，2009）报道在 2008 年我国南方罕见的冰雪灾害期间，受逆温层现象的影响，武夷山区发生了严重的凝冻灾害，通过实地调查分析得知：灾害维持时间长达 43 天，路面结冰厚度累积大于 110mm，西北坡（江西省内）重度受害区在海拔 600～1300m，东南坡（福建省内）重度受害区在海拔 900～1300m；灾害具有明显的海拔规律特点；灾害形式主要是植被因超负荷重力（降水在树冠层形成的凝冻）出现的机械性损害（如树枝、树冠折断，植株倒伏形成林窗、干扰斑块），影响了植物群落的演替，造成了濒危野生动物白鹇（*Lophura nycthemera*）的个体死亡，使黄腹角雉（*Tragopan caboti*）依赖的植物性食物和树上巢址减少。

矫恒盛等（2009）在海拔 550～2000m 设置了 14 个 20m×30m 的森林群落样方，记录木本植物 57 科 108 属 215 种、草本植物 26 科 58 属 79 种。研究发现，α 多样性和 β 多样性与海拔梯度的关系密切，多样性指数随海拔的升高而降低，山体植物垂直分布现象较明显，林分物种多样性与海拔梯度有明显的相关性，木本层 Cody 指数与海拔之间有明显的负相关关系，Jaccard 指数随海拔梯度的升高波动较大。

季春峰等（2010）认为武夷山为江西省特有植物四大分布中心之一，分布有 22 种特有种，占江西省特有植物总数的 17.7%。

舒枭等（2010）通过对产自 7 个省（市）14 个县域的厚朴种子育种的综合分析发现：武夷山产的野生厚朴为优良种源之一。

程松林和郭英荣（2011）认为江西武夷山和福建武夷山（两个坡向）的植被植物资源、陆生脊椎动物资源具有互补性，乔木层优势种坡向差异显著。建议发挥两省各自的优势，共同构建以黄岗山区域为核心的中国武夷山生物多样性安全体系。

季春峰（2012）报道了江西省蔷薇科（Rosaceae）植物新记录——川滇绣线菊（*Spiraea schneideriana*）。

袁荣斌等（2012）通过调查发现，武夷山国家级自然保护区内南方铁杉分布面积为 1560hm²，主要分布在海拔 1300～2000m 的阴坡或谷地，最大胸径为 127.0cm，最高分布于海拔 2070m，最低分布于海拔 1105m，自然更新良好。

雷平等（2013）在海拔 1000～2000m 处设置了 16 个 20m×30m 的样方，调查到植物 186 种；建群种主要为多脉青冈（*Cyclobalanopsis multinervis*）、闽皖八角（*Illicium minwanense*）、白檀（*Symplocos paniculata*）、枫香树（*Liquidambar formosana*），科属分布区类型以热带成分为主；常绿阔叶林群落和落叶阔叶林群落均有较高的多样性。

雷平等（2014）在海拔 424～1806m 的河岸带设置了 10 个 10m×30m 的样方，记录维管植物 304 种，物种组成以壳斗科（Fagaceae）、山茶科（Theaceae）、樟科（Lauraceae）、蔷薇科植物为主；不同干扰强度下，物种多样性方面，

轻微干扰 > 中等干扰 > 无干扰。

刘勇等（2015）记录了江西省药用陆生脊椎动物资源251种（含驯化饲养种），武夷山国家级自然保护区分布198种（不含驯化饲养种），约占78.88%。

程林等（2015）记录了武夷山国家级自然保护区葡萄科（Vitaceae）野生植物共5属27种，分布于海拔264～1989m，并就观赏、药用、果用、工业原料等开发应用前景进行了探讨。

张琪（2016）整理了武夷山国家级自然保护区植物名录，其中有药用价值的植物1673种，包括地衣1种、苔藓4种、菌类44种、蕨类150种、裸子植物27种、被子植物1447种。

毛夷仙等（2016）在武夷山国家级自然保护区篁碧保护管理站辖区海拔550～920m的河岸地带发现了蛛网萼（Platycrater arguta）的新分布，并就资源保护提出了建设性建议。

吴淑玉等（2016）通过对武夷山植物名录进行编目整理，记录高等植物271科1141属2820种（约占全国高等植物种数的8.57%，约占江西省高等植物种数的50.37%），其中国家重点保护野生植物19科23属26种、江西省重点保护野生植物34科92属149种；苔藓植物种数约占全国苔藓植物种数的10.21%，约占江西省苔藓植物种数的50.80%；蕨类植物分别约占全国和江西省的9.69%和57.93%；裸子植物分别约占全国和江西省的10.80%和87.10%；被子植物分别约占全国和江西省的8.57%和49.34%。

杨清培等（2017）研究发现毛竹（Phyllostachys heterocycla cv. Pubescens）、肿节少穗竹（Oligostachyum oedogonatum）扩张对阔叶林物种多样性影响的主效应显著；二者交互作用不明显，但会通过叠加效应影响木本植物，导致阔叶林群落简单化。

程栋梁团队对生长于不同海拔的黄山松和落叶林、常绿阔叶林、竹类生态学及生物学特征进行了研究（范瑞瑞等，2017；李曼等，2017；杨福春等，2017；郑媛等，2017；陈晓萍等，2018；孙蒙柯等，2018；王钊颖等，2018；孙俊等，2019；周永姣等，2019）。

陈斌等（2018）对建立于海拔1800m左右的6.4hm² 南方铁杉林固定样地群落组成与结构的研究表明：胸径 ≥1.0cm 的木本植物共有29科53属59种，科的区系组成以热带成分为主、属的区系组成以温带成分为主，独立个体数为2252株/hm²，胸径断面积为37.89m²/hm²，群落成层现象显著、优势种明显，群落总径级结构呈反"J"形分布，主要树种的径级结构有偏正态分布和"L"形分布等类型，南方铁杉是现阶段最重要的优势种，但种群更新缓慢。

臧敏等（2018）对江西省武夷山、三清山、井冈山、南岭和庐山的珍稀濒危维管植物相似性系数分析显示：科级水平上武夷山与南岭最相似，属级和种级水平上武夷山与三清山最相似。

胡忠俊等（2018）研究发现江西省珍稀濒危植物总体分布格局呈现沿海拔较高的各大山脉向地势低平的鄱阳湖盆地区域递减的趋势，武夷山、三清山和井冈山等山脉是亚洲东部的温带 - 亚热带植物区系的集中分布地；武夷山是江西省珍稀濒危植物重点保护的三大热点地区之一。

二、项目研究概况

武夷山国家级自然保护区位于江西省东北部的上饶市铅山县内，东南部与福建省相邻。本项目调查涉及武夷山国家级自然保护区全境，以及与武夷山国家级自然保护区生境相连的铅山县武夷山镇、篁碧畲族乡部分区域。

（一）调查分区

根据植物生物学特性和调查区地形地貌，结合海拔、植被类群分布、人为活动干扰等因子，调查区域以武夷山国家级自然保护区范围为主，适当兼顾低海拔区域自然保护区之外的生境。将调查区分为如下 4 个区域。

1. 农林营作干扰区（海拔 300 ～ 850m）

植被主要有常绿阔叶林、灌丛、竹林、人工杉木林、茶地，以及农田、旱地和村庄等；地势较为平缓开阔，有相对较为丰富的湿地，生境景观特异化明显。人类生产生活和交通运输对生境干扰较大，保护区外的一些山地还存在开垦种植现象。该区景观参见图 1。

图 1　农林营作干扰区村庄和植被景观

2. 次生林恢复区（海拔 850 ～ 1400m）

植被主要为干扰后、自然恢复 10 ～ 40 年的次生性常绿阔叶林、常绿落叶阔叶混交林、针叶阔叶混交林和灌丛，大多为正向演替过程中的中龄林、近成熟林，一些陡峭的裸岩山地残存有成熟林，生境体现为植被类型和林龄多样化。在海拔 1200m 以下部分区域有毛竹采伐和抚育、茶地采摘与垦抚等季节性干扰。该区景观参见图 2。

图 2　次生林恢复区植被景观

3. 原始性森林区（海拔 1400 ～ 1900m）

该区森林基本为原始状态的过熟林和成熟林，植被主要有常绿落叶阔叶混交林、针叶阔叶混交林和针叶林，在海拔 1800 ～ 1900m 有一以落叶阔叶林为主的苔藓矮曲林带，部分沟谷在海拔 1700m 左右仍可见到常绿阔叶林群落。该区以植被原始性保存完好、乔木 - 灌木层次丰富、少有人为干扰为显著特征。该区景观参见图 3。

4. 原始中山灌丛草甸 - 裸岩区（海拔 1850 ～ 2160.8m）

在林线附近的草甸散生有明显矮化的黄山松、云锦杜鹃（*Rhododendron fortunei*）和匍匐状的红果树波叶变种（*Stranvaesia davidiana* var. *undulata*），山顶则基本为以野青茅、芒为主的草甸，其间常见孤石和裸岩。该区以风力大、气温低（可出现 -20℃以下天气）、紫外线辐射强、地表水相对较为缺乏为显著特征。该区景观参见图 4。

（二）研究方法

1. 调查方法

调查主要采用样线法、样方法和药农访问法。调查样线和样方布置情况参见图 5。

1）样线设置

依据调查区的地形、地貌、植被类型、可达性及人类干扰情况，布设覆盖海拔 320 ～ 2160.8m 各类生境的样线 18 条，总长度约 100km。分别为武夷山国家级自然保护区内样线 10 条，跨越保护区边界的样线 6 条，保护区外样线 2 条。

图 3   原始性森林区植被景观

图 4   原始中山灌丛草甸 - 裸岩区植被景观

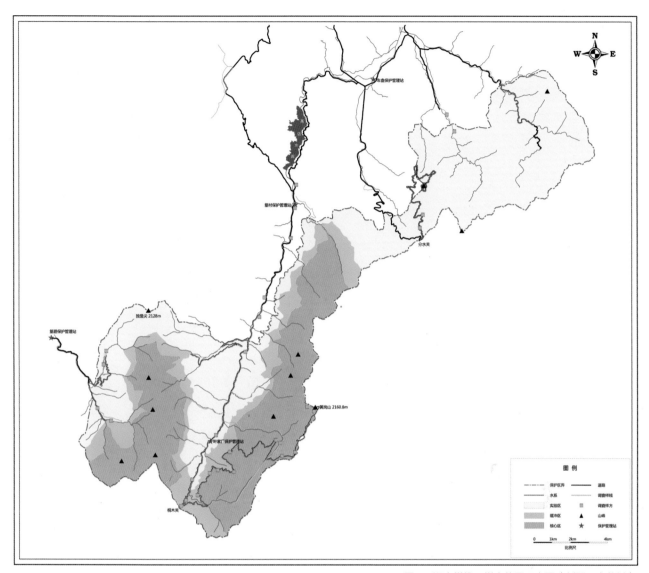

图 5　调查样线、样方位置示意图（制图：袁荣斌）

2）样方设置

在样线布设的基础上，按海拔每升高 100m 至少设置 1 个样方进行区块重点调查，当遇到地形陡峭不宜设置样地时，则就近设置样方。

共布设调查样方 29 个（其中武夷山国家级自然保护区核心区 6 个、缓冲区 9 个、实验区 8 个，保护区外 6 个），覆盖了海拔 326.1～2152.8m，各植被类型和海拔梯度样方数详见表 1。

每个样方内乔木全部调查，然后再根据不同调查对象在样方内设置 5 个小样方，形成乔木样方 1 个、灌木小样方 1 个、草本小样方 4 个。植物调查样方布置与位置参见图 6。

野生药用植物调查样方记录内容参见表 2。

2. 数据处理与分析方法

物种分类依据：蕨类植物采用秦仁昌分类系统（1978），裸子植物采用郑万钧分类系统（1978），被子植物采用恩格勒分类系统（1964）；物种名称主要参考《中国植物志》、植物新种发表的文献和物种 2000 中国节点（http://www.sp2000.org.cn）；药用功效主要参考《中华人民共和国药典》。

表 1　武夷山野生药用植物资源调查样方情况

植被类型		样方数量 / 个	海拔
干扰生境	灌丛和常绿阔叶林	11	326.1 ～ 981.6m
	毛竹林	6	429.3 ～ 1072.9m
	低山草丛	1	719.5m
	针叶阔叶混交林	2	1323.9m 和 1361.2m
	针叶林	2	1140.1m 和 1227.7m
原生生境	常绿落叶阔叶林	1	1650.3m
	针叶阔叶混交林	1	1745.5m
	针叶林	1	1418.9m
	山顶苔藓矮林	1	1859.9m
	中山灌丛草甸	1	1933.6m
	山顶草甸	2	2048.8m 和 2152.8m

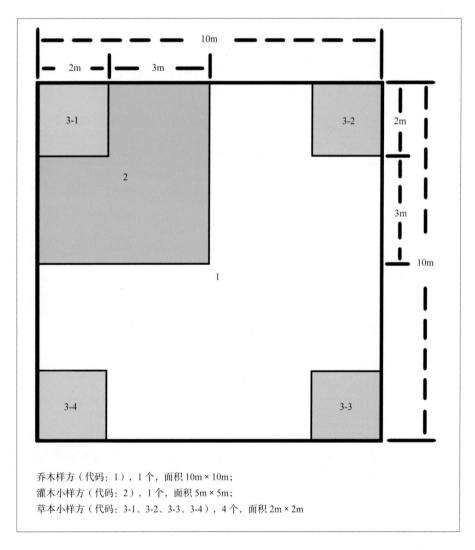

乔木样方（代码：1），1 个，面积 10m×10m；
灌木小样方（代码：2），1 个，面积 5m×5m；
草本小样方（代码：3-1、3-2、3-3、3-4），4 个，面积 2m×2m

图 6　调查样方设置

依据调查、鉴定结果得出武夷山区野生药用植物资源名录。

分别统计出各保护管理站及其附近区域的野生药用维管植物科、属、种数，以及各科、属中所含种的情况。

分别计算植物组成、G-F 指数（蒋志刚和纪力强，1999）、Jaccard 指数（Magurran，1988）、Cody 指数（Magurran，

表2　武夷山野生药用植物样方调查记录表

样地区域/小地名：				样地编号：			
调查时间：		植被类型：			调查人员：		
东经：		北纬：			海拔/m：		
坡度/(°)		坡向			坡位		生境照片数
物种名	样方植物株数						植物照片编号
	1	2	3-1	3-2	3-3	3-4	

注：① 表中"样方植物株数"下一行6列数字：1代表乔木样方；2代表灌木小样方；3-1代表第1个草本小样方；3-2代表第2个草本小样方；3-3代表第3个草本小样方；3-4代表第4个草本小样方。

② 对于多年生药用植物，能产生药材的才进行数量统计，如3年内不能产生药材的植株不予统计；一年生药用植物需要全部进行统计。

③ 某药用植物如在样方内数量众多，无法采用常规计数方法时，则先对一个较小区域进行统计后按面积比例进行推算

1988），并进行分析。

1）植物丰富度测定方法

物种丰富度指数（R_0）：

$$R_0 = S$$

Marglef 指数（D_M）：

$$D_M = \frac{S-1}{\ln N}$$

式中，S 为调查区的物种数；N 为调查区中物种总数。

2）α 多样性评价方法

G 指数（D_G）：

$$D_G = -\sum_{j=1}^{p} q_j \ln q_j$$

式中，D_G 表示调查区属的多样性；$q_j = s_j/S$，其中，s_j 为 j 属中的物种数，S 为调查区的物种数；p 为调查区的属数。

F 指数（D_{Fk}、D_F）：

$$D_{Fk} = \sum_{i=1}^{n} p_i \ln p_i$$

$$D_F = \sum_{k=1}^{m} D_{Fk}$$

式中，D_{Fk} 表示调查区 k 科的物种多样性；D_F 表示调查区科的多样性；$p_i = S_{ki}/S_k$，其中，S_{ki} 为调查区 k 科 i 属中的物种数，S_k 为调查区 k 科中的物种数；n 为调查区 k 科中的属数；m 为调查区的科数。

G-F 指数（D_{G-F}）：

$$D_{G-F} = 1 - D_G/D_F$$

式中，$D_{G\text{-}F}$ 是用 G 指数和 F 指数的比值进行标准化得出的，表示调查区科属间的物种多样性。

Shannon-Wiener 指数（H）：

$$H = -\sum_{i=1}^{S} N_i \ln N_i$$

式中，S 为群落中总物种数；N_i 为样方中第 i 种的相对多度。

Pielou 均匀度指数（E）：

$$E = H/H_{\max}$$

式中，$H = \sum_{i=1}^{S} N_i \ln N_i$，其中，$S$ 为群落中总物种数，N_i 为样方中第 i 种的相对多度；$H_{\max} = \ln S$。

3）β 多样性评价方法

Jaccard 指数（C_j）：

$$C_j = C/(A + B - C)$$

Cody 指数（β_c）：

$$\beta_c = [g(H) + l(H)]/2 = (A + B - 2C)/2$$

式中，A 为甲植被带野生药用植物种数；B 为乙植被带野生药用植物种数；C 为甲、乙两植被带共有的野生药用植物种数；$g(H)$ 为随生境梯度 H 增加的物种数；$l(H)$ 为沿生境梯度 H 减少的物种数。

4）药用植物资源蕴藏量计算

参照郭静霞等（2015）蕴藏量估算法。公式如下

$$\begin{cases} T = X \times P \times S \times F \\ X = W/M \\ Q = m/n \\ P = \sum Q/k \\ F = f/N \end{cases}$$

式中，T 为总蕴藏量（t）；X 为单株质量（g/株）；P 为平均密度（株/m²）；S 为总面积（km²）；F 为频度；W 为单株植物质量之和（g）；M 为植株总株数（株）；Q 为植物株密度（株/m²）；m 为样方内株数之和（株）；n 为样方面积之和（m²）；k 为样地数；f 为某物种出现的样方数；N 为样方总数。

（三）主要成果

1. 数据分析结果

1）物种的科、属统计

武夷山药用维管植物优势科（物种数 20 种以上）有菊科（Compositae）、蔷薇科、豆科（Leguminosae）、禾本科、百合科（Liliaceae）、唇形科（Labiatae）、玄参科（Scrophulariaceae）、兰科（Orchidaceae）、伞形科（Umbelliferae）、茜草科（Rubiaceae）、樟科、荨麻科（Urticaceae）、莎草科（Cyperaceae）、蓼科（Polygonaceae）、大戟科（Euphorbiaceae）。15 个优势科物种数占该区药用维管植物总种数的 42.39%，中型科（物种数 11 ～ 20 种）占 21.59%，小型科（物种数 2 ～ 10 种）占 33.68%，单种科占 2.34%。

优势属（物种数 10 种以上）有悬钩子属、蓼属（Polygonum）、堇菜属（Viola）、冬青属（Ilex）、猕猴桃属（Actinidia）、卷柏属（Selaginella）。6 个优势属物种数占该区药用维管植物总种数的 6.31%，中型属（物种数 6 ～ 10 种）占 13.02%，小型属（物种数 2 ～ 5 种）占 49.96%，单种属占 30.71%。

2）生活型统计

该区植物最主要的建群种为木本植物，但野生药用维管植物的生活型以草本植物为主。野生药用维管植物中，乔木占物种数的 9.27%、灌木占 23.07%、半灌木占 0.92%、木质藤本占 4.81%、寄生植物占 0.85%、多年生草本占 39.63%、二年生草本占 6.16%、一年生草本占 13.80%、水生草本占 1.49%。

3）区系成分统计

该区野生药用种子植物各区系成分分布情况如下。

科的分布类型　世界分布类型占总科数的 20.98%，泛热带分布类型占 47.54%，热带亚洲和热带美洲间断分布类型占 2.10%，旧世界热带分布类型占 2.10%，热带亚洲（印度 - 马来西亚）分布类型占 2.80%，温带分布类型占 18.88%，东亚和北美洲间断分布类型占 2.10%，东亚分布类型占 2.80%，中国特有分布类型占 0.70%。

属的分布类型　世界分布类型占总属数的 8.58%，泛热带分布类型占 20.52%，热带亚洲和热带美洲间断分布类型占 1.68%，旧世界热带分布类型占 6.58%，热带亚洲至热带大洋洲分布类型占 4.59%，热带亚洲至热带非洲分布类型占 1.99%，热带亚洲（印度 - 马来西亚）分布类型占 9.65%，北温带分布类型占 14.24%，东亚和北美洲间断分布类型占 8.73%，旧世界温带分布类型占 6.90%，温带亚洲分布类型占 0.77%，地中海至温带、热带亚洲、大洋洲和南美洲间断分布类型占 0.15%，东亚分布类型占 14.09%，中国特有分布类型占 1.53%。

4）武夷山国家级自然保护区各保护管理站辖区野生药用维管植物多样性水平分布规律

各保护管理站辖区物种 G-F 指数分析结果如下。

关于科属间物种多样性（D_{G-F}），叶家厂保护管理站是野生药用维管植物科、属集中分布的地方，其他从高到低依次为篁村保护管理站、车盘保护管理站、篁碧保护管理站。

关于科的多样性（D_F），从高到低的顺序为叶家厂保护管理站 > 篁村保护管理站 > 车盘保护管理站 > 篁碧保护管理站。

关于属的多样性（D_G），从高到低的顺序为叶家厂保护管理站 > 车盘保护管理站 > 篁村保护管理站 > 篁碧保护管理站。

5）不同生境野生药用维管植物多样性和垂直分布规律

（1）物种丰富度指数（R_0）和 Marglef 指数（D_M）从高到低的顺序为：农林营作干扰区 > 次生林恢复区 > 原始性森林区 > 原始中山灌丛草甸 - 裸岩区，与 G-F 指数的变化趋势一致，海拔 1400m 以下变化不大，之后随着海拔增加而减小，物种多样性水平降低。可能是由于野生药用植物以草本为主，在海拔 1400m 以上的原始性森林区，受营养空间的影响，草本层物种贫乏；在原始中山灌丛草甸 - 裸岩区，气候条件恶劣，地面大多被生命力相对更为顽强的野青茅、芒等禾本科植物所占领，影响了其他草本药用植物的生长。

（2）Pielou 均匀度指数（E）从高到低的顺序为：原始性森林区 > 原始中山灌丛草甸 - 裸岩区 > 次生林恢复区 > 农林营作干扰区，几个区域的 Pielou 均匀度指数均大于 0.95，均匀度较高。

（3）Shannon-Wiener 指数（H）从高到低的顺序为：次生林恢复区 > 农林营作干扰区 > 原始性森林区 > 原始中山灌丛草甸 - 裸岩区。

（4）从不同生境分区之间共有种的绝对数量来看，农林营作干扰区和次生林恢复区之间的共有植物种数最多（93 种），其次是次生林恢复区和原始性森林区之间（26 种），最少的是原始性森林区和原始中山灌丛草甸 - 裸岩区之间（6 种）。由此可见，随着海拔的升高，物种的组成发生了变化。

2. 江西武夷山药用维管植物多样性十分丰富

调查记录武夷山野生药用维管植物 219 科 748 属 1436 种，约占我国现有药用植物资源的 12.68%，约占江西省药用植物（含栽培种）资源的42.57%。其中，蕨类植物门40科75属160种、裸子植物门6科14属20种、被子植物门173科659属1256种。

调查样方内各科、属、种的多样性地位见表3。

表3　武夷山野生药用植物调查样方内物种多样性一览表

类别	科		属		种	
	数量	占比/%	数量	占比/%	数量	占比/%
蕨类植物门	19	17.93	26	11.06	33	9.65
裸子植物门	4	3.77	5	2.13	6	1.75
被子植物门	83	78.30	204	86.81	303	88.60
合计	106	100	235	100	342	100

注：本表中数据仅包含"调查样方"中的物种数，未包括样线调查数据

调查记录江西省植物新分布7种，分别为异叶囊瓣芹（*Pternopetalum heterophyllum*）、节根黄精（*Polygonatum nodosum*）、鞭打绣球（*Hemiphragma heterophyllum*）、蜂窠马兜铃（*Aristolochia foveolata*）、绒叶斑叶兰（*Goodyera velutina*）、肉色土圞儿（*Apios carnea*）、湘南星（*Arisaema hunanense*）。

调查记录武夷山植物新记录8种，分别为光叶绞股蓝（*Gynostemma laxum*）、肉穗草（*Sarcopyramis bodinieri*）、明党参（*Changium smyrnioides*）、帘子藤（*Pottsia laxiflora*）、陀螺紫菀（*Aster turbinatus*）、湘南星（*Arisaema hunanense*）、云台南星（*Arisaema du-bois-reymondiae*）、梅花草（*Parnassia palustris*）。

3. 药用植物地域特色明显，资源蕴藏量大

具有地域特色的高山植物资源主要有梅花草（*Parnassia palustris*）、白耳菜（*Parnassia foliosa*）、林荫千里光（*Senecio nemorensis*）、黄腺香青（*Anaphalis aureopunctata*）、灰绿龙胆（*Gentiana yokusai*）、牯岭藜芦（*Veratrum schindleri*）、黑紫藜芦（*Veratrum japonicum*）、重齿当归（*Angelica biserrata*）、中国野菰（*Aeginetia sinensis*）、鞭打绣球（*Hemiphragma heterophyllum*）、尖叶唐松草（*Thalictrum acutifolium*）、三桠乌药（*Lindera obtusiloba*）、雷公藤（*Tripterygium wilfordii*）、淡红忍冬（*Lonicera acuminata*）等。

资源量比较丰富、具有较高利用价值的常见特色药用植物共14种，资源分布状况见表4。参照郭静霞等（2015）药用植物资源蕴藏量估算方法，这14种常见特色药用植物资源蕴藏量差别较大，数值介于16.43t与421.17t之间。

表4　武夷山区常见特色药用植物资源分布状况

物种名	记录样方数/个	海拔/m	单株药材鲜重/g	蕴藏量/t
庐山石韦 *Pyrrosia sheareri*	4	891.2～979.5	71.5～239.7	249.64
威灵仙 *Clematis chinensis*	3	853.3～979.5	123.4～162.1	413.21
白接骨 *Asystasia neesiana*	3	709.9～979.5	76.9～150.2	251.68
中华沙参 *Adenophora sinensis*	5	808.4～973.6	160.3～539.4	129.22
一把伞南星 *Arisaema erubescens*	2	869.1～1141.2	83.6～328.4	154.57
长梗黄精 *Polygonatum filipes*	6	429.3～981.6	63.9～348.5	351.93
七叶一枝花 *Paris polyphylla*	2	706.5～869.0	26.1～114.2	16.43
夏天无 *Corydalis decumbens*	2	652.3～896.3	36.9～62.5	110.37
三枝九叶草 *Epimedium sagittatum*	2	443.2～967.3	35.2～124.7	105.63

续表

物种名	记录样方数/个	海拔/m	单株药材鲜重/g	蕴藏量/t
食用土当归 *Aralia cordata*	2	1072.9～1126.3	152.9～247.4	33.56
吴茱萸 *Evodia rutaecarpa*	2	326.1～869.1	2389.1～7189.7	329.23
吊石苣苔 *Lysionotus pauciflorus*	3	869.1～967.3	85.3～641.5	242.23
钩藤 *Uncaria rhynchophylla*	1	369.2	832.5	421.17
栝楼 *Trichosanthes kirilowii*	2	815.3～853.3	313.4～1614.7	215.91

4. 可挖掘的民族、民间特色药用植物潜在资源丰富

通过对当地草医、药农、药商的访问调查和标本比对，收集到畲族用药 32 味、民间用药 43 味。在总共 70 种民族、民间药用植物中，仅有茜草（*Rubia cordifolia*）、三枝九叶草（*Epimedium sagittatum*）、腹水草（*Veronicastrum stenostachyum*）、朱砂根（*Ardisia crenata*）、日本水龙骨（*Polypodiodes niponica*）等 5 个物种在畲族用药和民间用药中均有使用，而主治病症或功效却有所区别。这一现象提示，由于受传承的影响，在深入挖掘民族、民间用药时，即使是同一地区，甚至是混居的不同民族间，用药习惯和同一物种的主治病症或功效也会有较大的差异。须通过细致的调查了解和临床实践才能极大地丰富民族药学研究。

武夷山区畲族和民间常用单方见表 5。

表 5 武夷山区畲族和民间常用单方一览表

物种名	地方名	畲族药	民间药	药用部位	主治病症或功效
江南山梗菜 *Lobelia davidii*	水白菜	√		全草	无名肿毒、乳腺肿块
黄荆 *Vitex negundo*	黄荆柴	√		根、茎	肝炎
水蓼 *Polygonum hydropiper*	辣椒草	√		茎、叶	中暑
钩藤 *Uncaria rhynchophylla*	钩藤	√		全株	风湿
半边莲 *Lobelia chinensis*	半边莲	√		全草	小儿半夜不睡
天胡荽 *Hydrocotyle sibthorpioides*	金钱草	√		全草	结石
马鞭草 *Verbena officinalis*	铁扫帚	√		地上部分	痢疾
钝药野木瓜 *Stauntonia leucantha*	挪藤	√		根	蛇咬伤
尾花细辛 *Asarum caudigerum*	南细辛	√		根	跌打损伤
千里光 *Senecio scandens*	千里光	√		全草	疔疮
过路惊 *Bredia quadrangularis*	地脚柴	√		根	风疹
野芋 *Colocasia antiquorum*	野芋	√		根	止痛
白马骨 *Serissa serissoides*	硬骨柴	√		根	骨病
三叶崖爬藤 *Tetrastigma hemsleyanum*	金线吊葫芦	√		根	毒蛇咬伤、小儿发热
鸡眼草 *Kummerowia striata*	阴阳草	√		全草	妇科病
牛膝 *Achyranthes bidentata*	牛膝	√		根	跌打损伤、风湿性关节炎
茜草 *Rubia cordifolia*	红内消/小活血	√	√	根	消肿/活血祛淤、疏风通络
白英 *Solanum lyratum*	毛藤	√		根	清热解毒
小蜡 *Ligustrum sinense*	小叶冬青柴	√		叶	刀伤
三枝九叶草 *Epimedium sagittatum*	阴阳合	√	√	全草	风湿、月经不调/风湿性关节炎、妇科病/补肾
滴水珠 *Pinellia cordata*	水半夏			块茎	毒蛇咬伤/麻药
腹水草 *Veronicastrum stenostachyum*	仙人桥/仙人搭桥	√	√	全草	跌打损伤/肝炎腹水、毒蛇咬伤
细柱五加 *Eleutherococcus nodiflorus*	五角枫	√		根	风湿

续表

物种名	地方名	畲族药	民间药	药用部位	主治病症或功效
多花勾儿茶 Berchemia floribunda	青藤	√		全株	肝炎
香叶树 Lindera communis	雷打天	√		叶	疔疮
小槐花 Ohwia caudata	山扁豆	√		全株	屁股生疔疮
龙芽草 Agrimonia pilosa	仙鹤草	√		全草	痢疾
金线草 Antenoron filiforme	芭蕉扇	√		全草	小儿疳积
多穗金粟兰 Chloranthus multistachys	四大天王	√		根、根茎	跌打损伤
朱砂根 Ardisia crenata	珍珠伞／两百斤	√	√	根	跌打损伤／咽喉肿痛
台湾十大功劳 Mahonia japonica	黄柏	√		全株	黄疸肝炎
日本水龙骨 Polypodiodes niponica	青蚯蚓／过江龙	√	√	根状茎	乳腺肿块／关节炎
苦参 Sophora flavescens	立心苦		√	根	毒蛇咬伤、中暑
长梗黄精 Polygonatum filipes	黄精		√	根茎、须根	补气、益肾
黄精 Polygonatum sibiricum			√	根茎、须根	少年白发；护发
铁角蕨 Asplenium trichomanes	龟尾巴		√	全草	无名肿毒
紫背金盘 Ajuga nipponensis	苦丹		√	全草	无名肿毒、黄疸
平车前 Plantago depressa	车前草		√	全草	烂疔疮
红根草 Lysimachia fortunei	矮脚虎		√	全草或根	毒蛇咬伤、妇科病
金毛耳草 Hedyotis chrysotricha	下山蜈蚣		√	全草	无名肿毒、带状疱疹
半枫荷 Semiliquidambar cathayensis	枫荷梨		√	根、茎	风湿性关节炎
山鸡椒 Litsea cubeba	橡子柴		√	叶	风湿性关节炎
里白 Hicriopteris glauca	铁瓢萁		√	茎心	白内障
大青 Clerodendrum cyrtophyllum	板蓝根		√	全株	感冒、扁桃体发炎
山慈菇 Asarum sagittarioides	马蹄香、土里开花土里谢		√	全草	毒蛇咬伤
五味子 Schisandra chinensis	紫金藤		√	根、藤	乳腺炎、肿块
虎耳草 Saxifraga stolonifera	猫耳草		√	全草	痔疮
奇蒿 Artemisia anomala	六月雪		√	全草	疔疮
三裂蛇葡萄 Ampelopsis delavayana	牯骨龙		√	根	跌打损伤、肿痛、毒蛇咬伤
接骨草 Sambucus chinensis	臭牡丹		√	根	关节炎
杠板归 Polygonum perfoliatum	蛇见怕		√	全草	毒蛇咬伤、无名肿毒
黄鹌菜 Youngia japonica	黄花菜		√	全草	破伤风
铁苋菜 Acalypha australis	金畚箕		√	全草	痢疾
牛皮消 Cynanchum auriculatum	野葡萄		√	根	无名肿毒
吊石苣苔 Lysionotus pauciflorus	旱莲草		√	全草	伤风感冒、小儿发热
獐牙菜 Swertia bimaculata	龙胆草		√	全草	肝炎、火眼
蓟 Cirsium japonicum	老虎刺		√	根	无名肿毒
白杜 Euonymus maackii	山杜仲		√	皮	补肾
酸模 Rumex acetosa	土大黄		√	根	大便秘结；通便
七叶一枝花 Paris polyphylla	重楼		√	根茎	无名肿毒、毒蛇咬伤；麻醉
千金藤 Stephania japonica	青木香		√	根	肚子痛
中华沙参 Adenophora sinensis	南沙参		√	根	催乳
一把伞南星 Arisaema erubescens	天南星		√	块茎	毒蛇咬伤
半夏 Pinellia ternata	半夏		√	块茎	中暑、痢疾、毒蛇咬伤
斑叶兰 Goodyera schlechtendaliana	搜山虎		√	全草	毒蛇咬伤
双蝴蝶 Tripterospermum chinense	扑地虎		√	全草	肺炎、肺结核、哮喘
狭叶香港远志 Polygala hongkongensis var. stenophylla	金钥匙		√	全草	小儿惊风

续表

物种名	地方名	畲族药	民间药	药用部位	主治病症或功效
白背牛尾菜 Smilax nipponica	钢卷须		√	根状茎	小儿疳积
醉鱼草 Buddleja lindleyana	醉鱼草		√	叶	接骨
龙葵 Solanum nigrum	灯笼泡		√	全草	皮肤病、溃疡

注："地方名"和"主治病症或功效"列中，符号"/"前面的内容为畲族用药情况，后面的内容为民间用药情况

5.野生药用植物如何科学开发利用亟待研究

长期以来，武夷山区丰富的药用植物资源没有得到足够的关注，这些宝贵的资源没有得到有效的利用。当地林区群众受限于自身对市场需求了解不够、政府提供的科技支撑缺乏和有限的土地资源，生产结构单一，市场发展滞后，抗市场风险能力差。近20年来，随着国家生态保护政策的加强，以前那种过度依赖林木资源发展的模式已被禁止，自然保护区严格的保护政策和当地社区发展经济的诉求之间的矛盾随时都有可能凸显出来。

因此，亟待通过政府的引导、扶持和社会资本的参与，发挥武夷山区丰富的种质资源优势和独特的自然环境优势，开发特色药材种植和加工产业，推动林区特色产业发展。

6.武夷山区珍贵的药用植物种质资源保护需要加强

随着人口剧增和人们崇尚自然、回归自然理念的提升，国内外市场对中药及天然药物资源性产品的需求量激增。尤其是人口老龄化带来的老年病、慢性病患者的增多，民间验方、单方的快速传播，使得人们对乡土药用植物的采集量显著增加，一些城镇居民到林区无序采集和购买药用植物的现象已经威胁到一些物种的安全，如中华猕猴桃（Actinidia chinensis）、七叶一枝花、平车前、黄精等的资源量已经呈现出下降趋势。如何解决开发利用资源与节约资源、保护资源之间的矛盾，应当引起政府和资源管理部门的重视。

第二章 蕨类植物门
PTERIDOPHYTA

■ 石杉科 Huperziaceae ////////////////////

蛇足石杉（千层塔）
Huperzia serrata (Thunb. ex Murray) Trev.

小草本，植株常丛生，株高 10 ～ 30cm。茎直立或下部平卧，不分枝或二叉分枝。叶草质或薄纸质，披针形，4 ～ 5 行，互生，边缘有不规则的锯齿；中脉明显。孢子叶与营养叶同形；孢子囊肾形，淡黄色，横生于孢子叶腋。

生于林下、沟谷或岩石积土上。全草入药；夏末、秋初采收，去泥土，晒干。具有散淤止血、消肿止痛、除湿、清热解毒、麻醉、镇痛等功效。用于治疗淤血肿痛、跌打损伤、坐骨神经痛、神经性头痛、烧烫伤等。

■ 石松科 Lycopodiaceae

石松（伸筋草、九龙草）
Lycopodium japonicum Thunb. ex Murray

蔓生草本，高 15 ～ 30cm。主枝圆柱形，匍匐蔓生；侧枝扁平，二叉分枝。叶二型：营养叶钻形或线状披针形，螺旋状排列。孢子叶卵状三角形，顶部急尖，边缘有不规则锯齿；孢子叶穗长 2.5 ～ 5cm，有小柄，通常 2 ～ 6 个着生于总柄顶端；孢子囊肾形，孢子同型。

生于山坡草地、灌丛或松林下酸性土中。全草入药；夏季采收，去净泥土与杂质，晒干。具有祛风除湿、舒筋活血、止咳、解毒、调经等功效。用于治疗风寒湿痹、四肢麻木、跌打损伤、月经不调、外伤出血。孢子用于治疗小儿湿疹。

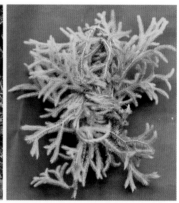

垂穗石松（灯笼草、铺地蜈蚣）
Palhinhaea cernua (L.) Vasc. et Franco

蔓生草本，高 20 ～ 50cm。主枝直立、匍匐或呈攀缘状，圆柱形，二叉分枝，分枝顶端有时下弯，并着地生根长出小枝而成为独立植株。营养叶钻形，全缘，螺旋状排列。孢子叶三角状阔卵形，顶部急狭，边缘有长睫毛；孢子叶穗小，圆柱形，常下垂，单生于小枝顶端；孢子囊圆形，生于叶腋，孢子同型。

生于丘陵山坡、林缘或灌丛中。全草入药；夏季采收，除去杂质，切段，晒干。具有祛风除湿、舒筋活血、止咳、解毒等功效。用于治疗风湿骨痛、四肢麻木、跌打损伤、小儿疳积、吐血、血崩。

藤石松

Lycopodiastrum casuarinoides (Spring) Holub ex Dixit

草质藤本。地下茎长而匍匐；地上主茎木质藤状，攀缘达数米，圆柱形。不育枝柔软，黄绿色，圆柱状；能育枝柔软，红棕色，小枝扁平。叶疏生，螺旋状排列，贴生，卵状披针形或钻形。孢子枝从营养枝基部下侧有密鳞片状叶的芽抽出，多回二叉分枝，末回分枝顶端各生孢子囊穗 1 个；孢子囊穗圆柱形，多少下垂；孢子叶宽卵形，覆瓦状排列，先端骤尖，具膜质长芒和不规则钝齿；孢子囊生于孢子叶腋，内藏，圆肾形，黄色。

生于山坡、林缘或灌丛中。全草入药；夏秋季采收，鲜用或晒干。具有祛风除湿、舒筋活血、明目、解毒等功效。用于治疗肢节酸痛、跌打损伤、带状疱疹、荨麻疹。

■ 卷柏科 Selaginellaceae

深绿卷柏（石上柏）

Selaginella doederleinii Hieron.

匍匐草本，高 20 ～ 40cm。茎匍匐或斜升，分枝处常有明显的根托。叶二型；营养叶深绿色，背腹各 2 列，彼此密接，背叶 2 列，两侧不对称，腹叶 2 列，大小约为腹叶的 1/3，边缘有细齿。孢子叶卵状三角形，渐尖头，边缘有细齿，4 列，交互覆瓦状排列；孢子叶穗四棱形，生于分枝顶端；孢子囊卵圆形，孢子异型。

生于林下湿地、溪边或岩石上。全草入药；全年可采收，除去杂质，洗净，晒干或鲜用。具有清热解毒、消炎、抗癌等功效。用于治疗肺炎、急性扁桃体炎、眼结膜炎、乳腺炎。有人在临床用于治疗胃癌、食道癌，有一定的疗效。

江南卷柏（摩莱卷柏、地柏枝）

Selaginella moellendorffii Hieron.

草本，高 20 ～ 55cm，具横走地下根茎和游走茎，着生鳞片状淡绿色的叶。根托生于茎基部，根多分叉，密被毛。主茎中上部羽状分枝，禾秆色或红色；侧枝 5 ～ 8 对，二至三回羽状分枝，小枝较密，背腹扁。叶交互排列，二型，草质或纸质，光滑，具白边；主茎的叶较疏，绿色，在秋冬季，叶有时会变成黄色或红色，三角形，边缘有细齿；主茎腋叶卵形或宽卵形，平截，有细齿；中叶不对称，卵圆形，覆瓦状排列，具芒，基部近心形，有细齿。孢子叶穗紧密，四棱柱形，单生于小枝末端；孢子叶同型，卵状，有细齿，具白边，先端渐尖，龙骨状；孢子囊近圆形，孢子异型。

生于林下、溪边、路旁或石缝中。全草入药；夏秋季采收，去除根部泥沙，洗净，鲜用或晒干。具有清热利湿、止血等功效。用于治疗肺热咯血、吐血、衄血、便血、痔疮出血、外伤出血、发热、小儿惊风、湿热黄疸、淋病、水肿、水火烫伤。

卷柏（还魂草）

Selaginella tamariscina (P. Beauv.) Spring

多年生直立草本，高 5 ～ 15cm。主茎直立，顶端丛生小枝。小枝扇形分叉，辐射开展，干燥时内卷如拳。营养叶二型，背腹各二列，交互着生，中叶（腹叶）斜向上，卵状矩圆形，急尖而有长芒，边缘有微齿；侧叶（背叶）斜展，长卵圆形。孢子叶穗四棱形，生于枝顶；孢子叶卵状三角形，龙骨状，锐尖头，边缘膜质，有微齿，四列交互排列；孢子囊圆肾形，孢子异型。

生于海拔 1500m 以下山谷或溪边向阳的干旱岩石上或石缝中。全草入药；全年可采收，去根洗净，晒干。生用活血通经，炒炭用化淤止血。用于治疗经闭痛经、症瘕痞块、跌扑损伤。卷柏炭可化淤止血，用于治疗吐血、崩漏、便血、脱肛。

翠云草
Selaginella uncinata (Desv.) Spring

草本。茎纤细，伏地蔓生。根托生于主茎下部或沿主茎断续着生。主茎近基部羽状分枝，禾秆色，表面具沟槽，主茎先端鞭形，侧枝 5～8 对，二回羽状分枝，小枝排列紧密，背腹扁。叶交互排列，二型，薄草质，光滑；主茎的叶较疏，二型，绿色，全缘，有白边；分枝上的叶明显有背腹之分，腹面翠蓝色，背面浅绿色。孢子叶穗紧密，四棱柱形，单生于小枝末端；孢子叶卵状三角形，龙骨状，长渐尖头，全缘，4 列，覆瓦状排列；孢子囊卵形，孢子异型。

生于山谷林下或溪边阴湿处及岩洞石缝中。全草入药；全年可采收，洗净，鲜用或晒干。具有清热利湿、解毒、止血等功效。用于治疗黄疸、痢疾、泄泻、水肿、淋病、筋骨痹痛、吐血、咯血、便血、外伤出血、痔漏、烫火伤、蛇咬伤。

■ 海金沙科 Lygodiaceae

海金沙（蛤蟆藤）
Lygodium japonicum (Thunb.) Sw.

　　攀缘草本，长可达 4m。根茎横走，有毛而无鳞片。茎细弱。叶二型，纸质，三回羽状复叶；不育叶三角形，二回羽状，小羽片掌状或 3 裂，边缘有浅钝齿；能育叶卵状三角形，小羽片边缘生流苏状的孢子囊穗，排列稀疏，暗褐色。

　　生于海拔 1500m 以下的山坡灌丛、林缘、路边。孢子或地上部分入药；秋冬季孢子未脱落时采割藤叶，晒干，搓揉或打下孢子，筛去藤叶；夏秋季采收地上部分，除去杂质，鲜用或晒干。具有清热利湿、通淋、止痛等功效。用于治疗热淋、砂淋、石淋、血淋、膏淋、尿道涩痛。

■ 膜蕨科 Hymenophyllaceae

蕗蕨
Mecodium badium (Hook. et Grev.) Cop.

　　小型附生草本，高 15 ～ 25cm。根茎细长，横走。叶远生；叶柄长 5 ～ 10cm，两侧有平直的宽翅；叶片薄膜质，光滑无毛，卵状长圆形，长 10 ～ 15cm，宽 4 ～ 6cm，三回羽裂，裂片斜向上，矩圆形或阔条形，圆钝头，全缘，沿各回羽轴、叶轴均有阔翅并向下达叶柄基部。孢子囊群着生在近轴的短裂片顶端。

　　生于海拔 800m 以上的沟谷、溪边潮湿岩石上或树干上。全草入药；全年可采收，晒干或鲜用。具有清热解毒、生肌止血等功效。用于治疗痈肿疮疖、水火烫伤、外伤出血。

■ 凤尾蕨科 Pteridaceae

凤尾蕨
Pteris cretica L. var. *nervosa* (Thunb.) Ching et S. H. Wu

草本，高 40 ～ 50cm。根茎短而直立或斜升，先端有黑褐色鳞片。叶簇生，二型；叶柄禾秆色，光滑；叶片卵圆形，一回羽状，羽片 2 ～ 5 对，通常对生，斜向上，基部一对有短柄并为二叉，偶有三叉或单一；能育羽片线形，先端渐尖并有锐锯齿，基部阔楔形；不育羽片披针形，边缘有锯齿。孢子囊群沿羽片顶部以下的叶缘连续分布；囊群盖狭条形，膜质，浅棕色。

生于林下或石灰岩石缝中。全草入药；夏秋季采收，去净泥土，洗净，晒干。具有清热利湿、活血止痛等功效。用于治疗跌打损伤、淤血腹痛、痢疾、黄疸、乳蛾、水肿、淋证、烧烫伤、毒蛇咬伤。

■ 中国蕨科 Sinopteridaceae

银粉背蕨
Aleuritopteris argentea (Gmel.) Fee

草本，高 15 ～ 30cm。根茎短，直立或斜升，密被鳞片。叶丛生；叶柄红棕色，有光泽；叶片五角形，长宽近相等，三回羽状分裂，叶腹面绿色，背面被白色或浅黄色粉末。孢子囊群生于叶边小脉的顶端，成熟后汇合成线形。

生于海拔 500 ～ 1800m 的石灰岩石缝中。全草入药；夏秋季采收，去净泥土，捆成小把，晒干。具有活血调经、补虚止咳、利湿、解毒消肿等功效。用于治疗月经不调、肝炎、肺痨咳嗽、吐血、跌打损伤。

■ 铁线蕨科 Adiantaceae

铁线蕨（猪鬃草）
Adiantum capillus-veneris L.

　　草本，高 15 ～ 40cm。根茎横走，有淡棕色披针形鳞片。叶近生，薄草质，无毛；叶柄栗黑色，仅基部有鳞片；叶片卵状三角形，长 10 ～ 25cm，宽 8 ～ 16cm，中部以下二回羽状，小羽片斜扇形或斜方形，外缘浅裂至深裂，裂片狭，不育裂片顶端钝圆并有细锯齿；叶脉扇状分叉。

孢子囊群生于由变质裂片顶部反折的囊群盖下面；囊群盖圆肾形至矩圆形，全缘。

　　生于溪边石灰岩或钙质土壤表面、石灰岩洞底或滴水的岩壁上。全草入药；夏秋季采收，洗净，鲜用或晒干。具有清热解毒、利水通淋等功效。用于治疗感冒发热、咳嗽咯血、肝炎、肠炎、痢疾、尿路感染、急性肾炎；外用可治疗疔疮、烧烫伤。

■ 书带蕨科 Vittariaceae

书带蕨
Vittaria flexuosa Fee

　　附生草本。根茎横走，密被鳞片，鳞片褐棕色，具光泽，钻状披针形，先端纤毛状，边缘具睫毛状齿。叶近生，常密集成丛；叶柄短，纤细；叶片线形，背面中脉隆起，腹面凹陷呈窄缝，侧脉不明显，薄草质，叶缘反卷，遮盖孢子囊群。孢子囊群线形，生于叶缘内侧，位于浅沟槽中，沟槽内侧略隆起或扁平，孢子囊群线与中脉之间有宽的不育带；叶片下部和先端不育。

　　附生于海拔 600 ～ 1400m 的树干或密林下的岩石上。

全草入药；夏秋季采收，洗净，鲜用或晒干。具有清热息风、舒筋活络、补虚等功效。用于治疗小儿急惊风、目翳、跌打损伤、风湿痹痛、小儿疳积、血痨、咯血、吐血。

■ 蹄盖蕨科 Athyriaceae

单叶对囊蕨（单叶双盖蕨、假双盖蕨）
Deparia lancea (Thunb.) Fraser-Jenk.

草本，高 15 ～ 40cm。根茎细长横走，疏生褐棕色披针状鳞片。叶疏生；叶柄长 5 ～ 15cm；叶片披针形，长 10 ～ 25cm，基部楔形，全缘或有时浅波状；中脉明显，侧脉分叉，每组 3 ～ 4 条，伸达边缘；叶纸质，光滑。

孢子囊群线形，单生于每组侧脉的上侧一脉，偶有双生；囊群盖与囊群同形，膜质，宿存。

生于海拔 200 ～ 1500m 的溪边、林下或岩石上。全草入药；全年可采收，去净泥土，洗净，晒干。具有利尿通淋、解毒、排石健脾、止血镇痛等功效。用于治疗淋证、感冒高热、小儿疳积、肺痨咯血、跌打损伤、疮疥、烧烫伤、毒蛇咬伤。

■ 金星蕨科 Thelypteridaceae

中日金星蕨
Parathelypteris nipponica (Franch. et Sav.) Ching

草本，高 40 ～ 60cm。根茎长而横走，近光滑。叶近生；叶柄长 10 ～ 20cm，基部褐棕色，多少被鳞片，禾秆色；叶片长 30 ～ 40cm，中部宽 7 ～ 10cm，倒披针形，先端羽裂渐尖，下部逐渐变狭，二回羽状深裂；羽片 20 ～ 25 对，下部 5 ～ 7 对近对生，逐渐缩短成小耳片，最下的瘤状，中部羽片长 4 ～ 5cm，宽 0.6 ～ 0.8cm，披针形，基部截形，羽裂近达羽轴；裂片约 12

对，长 3 ～ 5mm，宽约 2mm，长圆形，圆钝头，全缘；叶脉明显，每裂片有侧脉 4 ～ 5 对；叶草质，干后草绿色，腹面近光滑，仅沿羽轴有短柔毛，背面沿叶轴、主脉和叶缘被灰白色针状毛。孢子囊群圆形，每裂片 3 ～ 4 对，生于侧脉中部以上；囊群盖圆肾形，背面被灰白色长针状毛；孢子圆肾形，中部具褶皱，外壁具不规则网状纹饰。

生于海拔 400 ～ 1100m 的疏林下或林缘。全草入药；夏秋季采收，洗净，鲜用或晒干。具有止血消炎功效。用于治疗外伤出血。

渐尖毛蕨

Cyclosorus acuminatus (Houtt.) Nakai

草本，高70～80cm。根茎长而横走，顶端密被鳞片。叶远生；叶柄长30～42cm，褐色，向上深禾秆色；叶片厚纸质，长40～50cm，中部宽14～17cm，长圆状披针形，先端羽裂，尾状渐尖，二回羽裂；羽片13～18对，柄极短，中部以下羽片长7～11cm，披针形，羽裂达1/2～2/3；裂片18～24对，基部上侧1片最长，达0.8～1cm；叶脉明显，在背面隆起，每裂片侧脉7～9对，仅基部1对联结，第2对和第3对侧脉的上侧一脉伸达缺刻下的透明膜，其余侧脉均伸到缺刻上的叶边。孢子囊群生于侧脉中部以上，每裂片5～8对；囊群盖密生柔毛，宿存。

生于田边、路边、林缘或林下溪谷边。全草或根茎入药；夏秋季采收，洗净，晒干。具有清热解毒、祛风湿等功效。用于治疗泄泻、痢疾、热淋、咽喉肿痛、风湿痹痛、小儿疳积、狂犬咬伤、烧烫伤。

■ 铁角蕨科 Aspleniaceae

华南铁角蕨

Asplenium austrochinense Ching

草本，高30～40cm。根茎短粗，横走，先端密被褐棕色鳞片。叶近生；叶柄长10～20cm，下部青灰色，向上为灰禾秆色，叶轴及羽轴下面光滑或有棕红色鳞片；叶片宽披针形，长18～26cm，基部宽6～10cm，二回羽状；羽片10～14对，下部对生，向上互生，有长柄，基部羽片长4.5～8cm，披针形，一回羽状；小羽片3～5对，互生，基部上侧1片匙形，与羽轴合生，下侧沿羽轴下延，两侧全缘，顶部浅裂成2～3裂片，裂片顶端近撕裂；羽轴两侧有窄翅；叶脉明显，腹面隆起，背面多少凹陷呈沟脊状，小脉扇状二叉分枝，不达叶边；叶厚革质，干后棕色。孢子囊群短线形，长3～5mm，生于小脉中部或中部以上，每小羽片有2～6枚孢子囊群，不整齐排列；囊群盖线形，棕色，厚膜质，全缘，开向主脉或叶边，宿存。

生于海拔400～1000m的山谷林下岩石上。全草入药；夏秋季采收，鲜用或晒干。具有利湿化浊、止血等功效。用于治疗白浊、前列腺炎、肾炎、刀伤出血。

倒挂铁角蕨

Asplenium normale Don

草本，高 15 ～ 40cm。根茎直立或斜生，黑色，密被鳞片。叶簇生；叶柄长 5 ～ 15cm，栗褐色或紫黑色，有光泽，略呈四棱形，基部疏生与根茎上同样的鳞片，向上渐变光滑；叶片披针形，长 12 ～ 24cm，中部宽 2 ～ 3cm，一回羽状；羽片 20 ～ 30 对，互生，无柄，中部羽片同大，长 0.8 ～ 1.8cm，三角状椭圆形，基部不对称，下部 3 ～ 5 对羽片稍反折，与中部的同形同大，或略小并渐变为扇形或斜三角形；叶脉羽状，纤细，小脉单一或二叉，极斜向上，不达叶边；叶草质或薄纸质，干后棕绿色或灰绿色，两面均无毛；叶轴栗褐色，光滑，近先端处常有 1 枚被鳞片的芽胞，在母株上萌发。孢子囊群椭圆形，长 2 ～ 2.5mm，棕色，伸达叶边；囊群盖椭圆形，开向主脉。

生于海拔 600 ～ 1500m 的林下或溪旁。全草入药；全年可采收，鲜用或晒干。具有清热解毒、止血等功效。用于治疗痢疾、肝炎、外伤出血、蜈蚣咬伤。

■ 球子蕨科 Onocleaceae

东方荚果蕨

Matteuccia orientalis (Hook.) Trev.

草本，高达 1m。根茎短而直立，木质，坚硬，先端及叶柄基部密被鳞片；鳞片披针形，棕色，有光泽。叶簇生，二型；不育叶叶柄基部褐色，向上深禾秆色或棕禾秆色，连同叶轴被相当多的鳞片，叶片椭圆形，二回深羽裂，羽片 15 ～ 20 对，互生，斜展或有时下部羽片平展，裂片长椭圆形，斜展，通常下部裂片较短，中部以上的最长，叶脉明显，小脉单一，伸达叶边，叶纸质，无毛；能育叶比不育叶短，有长柄，叶片椭圆形或椭圆状倒披针形，一回羽状，羽片多数，斜向上，彼此接近，线形，两侧强度反卷成荚果状，深紫色，有光泽，平直而不呈念珠状，幼时完全包被孢子囊群，从羽轴伸出的侧脉二至三叉，在羽轴与叶边之间形成囊托。孢子囊群圆形，着生于囊托上，成熟时汇合成线形；囊群盖膜质。

生于海拔 1500m 以上的林下、溪边阴湿处。根茎入药；全年可采挖，去除地上部分和杂质，洗净，鲜用或晒干。具有祛风、止血等功效。用于治疗风湿痹痛、外伤出血。

■ 乌毛蕨科 Blechnaceae

珠芽狗脊（胎生狗脊）
Woodwardia prolifera Hook. et Arn.

　　草本，株高可达 2m。根茎横卧，连同叶柄基部密生
红棕色的披针形大鳞片。叶近生；叶柄粗壮，褐色；叶片
长卵形或椭圆形，二回羽状深裂，羽片 5 ～ 9 对，披针形，
基部极不对称，羽片腹面通常产生许多小芽胞；叶脉明显，
羽轴及主脉均隆起。孢子囊群长圆形，形似新月，顶端
略向外弯，生于中脉两侧的狭长网眼上，深陷叶肉内，
在叶腹面形成清晰的印痕。羽片上面的小芽胞密生鳞片，
常萌发出 1 片有柄的匙形幼叶，落地长成新株。

　　生于林缘或溪边。根茎入药；春秋季采挖，洗净，晒干。
具有强腰膝、补肝肾、除风湿等功效。用于治疗风寒湿痹、
肾虚腰痛、腹中邪热。

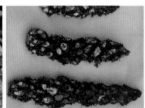

顶芽狗脊
Woodwardia unigemmata (Makino) Nakai

　　草本，株高达 2m。根茎横卧，黑褐色，密被棕色披
针形鳞片。叶近生；叶柄基部褐色，密生鳞片；叶片长
卵形或椭圆形，基部圆楔形，二回深羽裂，羽片 7 ～ 13
（～ 18）对，具短柄或近无柄，宽披针形或椭圆状披针
形，羽状深裂达羽轴两侧宽翅，裂片 14 ～ 18（～ 22）对，
披针形，边缘具细密的尖锯齿，干后内卷，叶脉明显，
棕禾秆色，羽轴和主脉两侧有 1 行窄长网眼及 1 ～ 2 行
多角形网眼，其外的小脉分离，单一或二叉，先端具水囊，
直达叶缘；叶干后棕色或褐棕色，革质，无毛，近叶轴
顶端有一被鳞片的腋生芽胞。孢子囊群粗线形，着生于
窄长网眼上，陷入叶肉；囊群盖同形，成熟时开向主脉。

　　生于海拔 500 ～ 1200m 的林下、溪边或灌丛中。根
茎入药；春秋季采挖，洗净，鲜用或晒干。具有清热解毒、
散淤、杀虫等功效。用于治疗感冒、虫积腹痛、痈疮肿毒、
便血、崩漏。

■ 鳞毛蕨科 Dryopteridaceae

贯众（小贯众）
Cyrtomium fortunei J. Sm.

草本，高 25 ～ 70cm。根茎粗短，直立或斜升，连同叶柄基部密被宽卵形棕色大鳞片。叶簇生；叶柄禾秆色，上面具纵沟，向上稀疏至近光滑；叶片长圆状披针形，奇数一回羽状，侧生羽片 7 ～ 19 对，近平展，柄极短，披针形，或多少呈镰刀形，顶生羽片窄卵形，下部有时具 1 ～ 2 浅裂片，叶脉网状，在主脉两侧各有 2 ～ 3 行网眼，具内藏小脉；叶纸质，两面光滑；叶轴上面具纵沟。孢子囊群圆形，背生内藏小脉中部或近顶端；囊群盖圆形，盾状。

生于海拔 100 ～ 1400m 的林下、沟边、路旁及林缘阴湿处。根茎入药；全年可采挖，洗净，晒干或鲜用。具有清热解毒、凉血祛斑、驱虫等功效。用于治疗风热感冒、斑疹、吐血、咯血、衄血、便血、崩漏、血痢、带下、钩虫病、蛔虫病、绦虫病。

■ 舌蕨科 Elaphoglossaceae

华南舌蕨
Elaphoglossum yoshinagae (Yatabe) Makino

附生草本，高 15 ～ 35cm。根茎短，横卧或斜升，与叶柄下部密被鳞片，鳞片卵形或卵状披针形，有睫毛，棕色。叶簇生或近生，二型。不育叶近无柄或具短柄，披针形，全缘，具软骨质窄边，平展或略内卷；主脉平，侧脉单一，达叶缘；叶肥厚，革质，两面疏被褐色星芒状小鳞片，主脉下面较多。能育叶与不育叶等高或略低，叶片略窄短。孢子囊沿侧脉着生，成熟时密布于能育叶背面。

生于海拔 800 ～ 1200m 的林下岩石上。根茎入药；夏秋季采挖，去除须根和叶柄，洗净，鲜用或晒干。具有清热利湿、利尿等功效。用于治疗淋浊、小便淋涩。

■ 骨碎补科 Davalliaceae

圆盖阴石蕨（白毛蛇、石伸筋）
Humata tyermanni Moore

　　附生草本，高 20～30cm。根茎长而横走，密被蓬松的灰白色狭披针形鳞片。叶远生；叶柄长 6～8cm；叶片长阔卵状三角形，长宽几相等，三至四回羽状深裂，羽片约 10 对，有短柄，三角状披针形，基部一对最大，向上渐短，小羽片上缘有 2～3 个小裂片，叶脉腹面隆起，羽状分枝，小脉单一或分叉，叶草质。孢子囊群生于小脉顶部。

　　生于山谷、溪边岩石上或树干上。根茎入药；夏秋季采挖，洗净，去除叶和不定根，鲜用或晒干。具有清热解毒、祛风除湿、活血通络等功效。用于治疗湿热黄疸、风湿痹痛、腰肌劳损、跌打损伤、肺痈、咳嗽、牙龈肿痛、毒蛇咬伤。

■ 水龙骨科 Polypodiaceae ///////////////

日本水龙骨（青龙骨、青蚯蚓、过江龙）
Polypodiodes niponica (Mett.) Ching

　　附生草本，高 15 ～ 40cm。根茎粗长，幼时绿色，老时黑色，光滑，常有白粉，仅顶部疏生褐棕色鳞片。叶远生，草质或薄纸质；叶柄禾秆色，有关节与根茎相连；叶片长圆状披针形，羽状深裂近达叶轴，裂片 10 ～ 30 对，两面密生灰白色钩状柔毛。孢子囊群小，圆形，着生于网眼内的小脉顶端，沿中脉两侧各排列成一行，靠近中脉。

　　生于海拔 300 ～ 1300m 的溪谷、沟旁或林下树干或岩石上。根茎入药；全年可采收，洗净，鲜用或晒干。具有清热利湿、活血通络等功效。用于治疗痢疾、淋浊、风湿痹痛、腰痛、关节痛、目赤红肿、跌打损伤。

盾蕨（卵叶盾蕨）
Neolepisorus ovatus (Bedd.) Ching

草本，高30～80cm。根茎长而横走，密生卵状披针形暗褐色鳞片。叶远生，纸质；叶柄灰褐色，疏生鳞片；叶片卵形，顶端渐尖，基部圆形至圆楔形，多少下延于叶柄并形成狭翅，全缘或有时下部分裂；侧脉明显，小脉联结成网状。孢子囊群圆形，沿中脉两侧排列成不整齐的多行。

生于海拔300～1100m的山谷溪边和林下阴湿处。全草入药；全年可采收，洗净，鲜用或晒干。具有清热利湿、止血、解毒等功效。用于治疗劳伤吐血、血淋、跌打损伤、烧烫伤、疔毒痈肿。

粤瓦韦
Lepisorus obscurevenulosus (Hayata) Ching

附生草本，高10～25cm。根茎横走，密被宽披针形鳞片，鳞片网眼大部分透明，全缘。叶疏生；叶柄栗褐色；叶片披针形或宽披针形，下部1/3处最宽，先端长尾状，向基部渐窄下延；叶干后淡绿色或淡黄色，近革质，主脉两面均隆起，小脉不显。孢子囊群圆形，成熟后扩展，近密接。

附生于林下或溪边岩石上。全草入药；夏秋季采收，洗净，晒干。具有清热解毒、利水通淋、止血等功效。用于治疗咽喉肿痛、痈肿疮疡、烫火伤、蛇咬伤、小儿惊风、呕吐腹泻、热淋、吐血。

瓦韦（骨牌草）
Lepisorus thunbergianus (Kaulf.) Ching

附生草本，高 6 ～ 20cm。根茎横走，密生披针状钻形黑褐色鳞片。叶革质，疏生，有短柄或近无柄；叶片线状披针形，基部渐尖而下延于短柄上，全缘；叶脉网状，中脉两面隆起，侧脉和小脉不明显。孢子囊群大，圆形，位于叶边和中脉之间，彼此接近。

附生于海拔 250 ～ 1200m 的林下树干或岩石上。叶入药；夏秋季采收，除去枯叶及杂质，洗净，鲜用或晒干。具有清热解毒、利尿通淋、止血等功效。用于治疗淋浊、痢疾、咳嗽吐血、小儿惊风、跌打损伤、蛇咬伤。

抱石莲（石瓜子）
Lemmaphyllum drymoglossoides (Baker) Ching

附生草本。根茎细长横走，被钻状有齿棕色披针形鳞片。叶远生，相距 1.5 ～ 5cm，二型；不育叶长圆形至卵形，圆头或钝圆头，基部楔形，几无柄，全缘；能育叶舌状或倒披针形，宽不及 1cm，基部狭缩，几无柄或具短柄，有时与不育叶同形，肉质，干后革质，腹面光滑，背面疏被鳞片。孢子囊群圆形，沿主脉两侧各成一行，位于主脉与叶边之间。

附生于海拔 200 ～ 1200m 的林下阴湿树干或岩石上。全草入药；全年可采收，除去泥沙及杂质，洗净，鲜用或晒干。具有清热解毒、利水通淋、散淤、止血等功效。用于治疗肺热咯血、咽喉肿痛、疰腮、牙痛、小儿高热、吐血、咯血、衄血、便血、尿血、崩漏、胆囊炎、淋巴结炎、疔毒痈肿、跌打损伤。

石韦（石剑、一把剑）

Pyrrosia lingua (Thunb.) Farwell

附生草本，高 10 ～ 30cm。根茎长而横走，密生鳞片。叶远生；叶柄长 1 ～ 19cm，禾秆色至深棕色，具星状毛；叶片厚革质，披针形至长圆状披针形，基部渐狭并略下延于叶柄；叶脉在腹面稍凹陷，在背面隆起；叶片腹面疏生星状毛，并有小凹点，背面星状毛层厚。孢子囊群布满叶片背面，有时下部不育，在侧脉间整齐而紧密地排列。

附生于海拔 100 ～ 1600m 的山坡林下、路旁岩石上或树干上。全草入药；全年可采收，洗净，鲜用或晒干。具有利尿通淋、凉血止血、清肺化痰等功效。用于治疗热淋、血淋、石淋、小便淋痛、吐血、衄血、尿血、崩漏、肺热咳嗽。

庐山石韦（大叶石韦）
Pyrrosia shearri (Baker) Ching

附生草本，高 20 ～ 60cm。根茎粗壮横走，密生黄棕色鳞片。叶簇生或近生；叶柄粗壮，长 10 ～ 30cm，深禾秆色，略呈四棱形；叶片厚革质，披针形，基部为不对称的圆耳形；叶片腹面疏被灰白色星状毛，背面密被星状毛。孢子囊群小，布满叶片背面，在侧脉间排列成紧密而较整齐的多行。

附生于海拔 800 ～ 1300m 的林下、溪边岩石或树干上。全草入药；全年可采收，洗净，鲜用或晒干。具有利尿通淋、凉血止血、清肺化痰等功效。用于治疗热淋、血淋、石淋、小便淋痛、吐血、衄血、尿血、崩漏、肺热咳嗽。

庐山石韦（大叶石韦）
Pyrrosia shearri (Baker) Ching

石蕨（石豇豆）

Saxiglossum angustissimum (Gies.) Ching

小型附生植物，高 3 ~ 10cm。根茎细长而横走，密生红棕色鳞片。叶远生；无柄或近无柄，基部有关节与根茎相连；叶片革质，线形，中脉在腹面凹陷，在背面隆起，叶片边缘强度向下反卷，背面密生黄色星状毛。孢子囊群线形，沿中脉两侧各排列成一行，幼时被反卷的叶边覆盖，成熟时张开，露出孢子囊群。

附生于海拔 400 ~ 1000m 的溪谷、沟边及林下岩石上。全草入药；全年可采收，洗净，鲜用或晒干。具有活血、调经、镇惊等功效。用于治疗月经不调、小儿惊风、疝气、跌打损伤。

金鸡脚假瘤蕨（金鸡脚、鹅掌金星）

Phymatopteris hastata (Thunb.) Pic. Serm.

附生草本，高 8 ~ 35cm。根茎细长横走，密生狭披针形红棕色鳞片。叶疏生，纸质；叶柄禾秆色，疏生鳞片；叶片通常指状 3 裂，有时不裂或 2 裂，裂片披针形，全缘或略呈波状，叶两面光滑，背面稍呈灰白色。孢子囊群圆形，沿中脉两侧排列成一行，位于中脉和叶缘之间，稍近中脉。

生于林缘、沟旁、路边石缝中或岩石上。全草入药；全年可采收，洗净，扎成小把，鲜用或晒干。具有清热解毒、祛风镇惊、利水通淋等功效。用于治疗小儿惊风、痢疾、淋证、乳蛾、疳积、痈肿疔毒、蛇咬伤。

江南星蕨
Microsorum fortunei (T. Moore) Ching

附生草本，高 30 ～ 70cm。根茎长而横走，顶部生卵状棕褐色鳞片。叶远生，厚纸质；叶柄上面有浅沟；叶片线状披针形，顶端长渐尖，基部渐狭，下延于叶柄并形成狭翅，全缘，有软骨质的边，中脉两面明显隆起，侧脉不明显。孢子囊群大，圆形，沿中脉两侧排列成较整齐的一行或不规则的两行，靠近中脉。

生于林下溪边岩石或树干上。全草入药；全年可采收，洗净，鲜用或晒干。具有清热解毒、祛风利湿、活血、止血等功效。用于治疗风湿关节痛、热淋、带下病、吐血、衄血、痔疮出血、肺痈、瘰疬、跌打损伤、疔毒痈肿、蛇咬伤。

表面星蕨（攀缘星蕨）
Microsorum superficiale (Blume) Ching

附生草本，高 15 ～ 50cm。根茎攀缘，略呈扁平形，疏生鳞片。叶远生，厚纸质；叶柄有狭翅；叶片狭长披针形，顶端渐尖，基部楔形并下延于叶柄两侧形成翅，全缘或略呈波状，中脉两面隆起，侧脉不明显。孢子囊群圆形，小而密，散生于叶片背面中脉与叶边之间，呈不整齐的多行。

附生于海拔 500 ～ 1300m 的林缘树干或岩石上。全草入药；全年可采收，洗净，鲜用或晒干。具有清热利湿功效。用于治疗淋证、黄疸、筋骨痛。

■ 槲蕨科 Drynariaceae

槲蕨（骨碎补、石岩姜、猴姜）
Drynaria roosii Nakaike

附生草本，高 25 ～ 40cm。根茎横走，粗壮肉质，密生金黄色鳞片。叶二型；积聚叶不育，矮小，卵形或披针形，黄绿色或枯棕色，干膜质，基部心形，边缘浅裂或深羽裂。孢子叶大型，绿色，叶片长圆形，基部缩狭呈波状，下延成有翅的叶柄，边缘深羽裂，裂片披针形，边缘有不明显的疏钝齿；孢子囊群圆形，着生于内藏小脉的交结点上，沿中脉两侧各排列成二至数行。

附生于树干、岩石或墙缝中。根茎入药；全年可采收，洗净，鲜用或晒干。具有补肾强骨、活血止痛等功效。用于治疗肾虚腰痛、耳鸣耳聋、牙齿松动、筋骨折伤。

■ 剑蕨科 Loxogrammaceae

柳叶剑蕨
Loxogramme salicifolia (Makino) Makino

附生草本，高 15 ～ 35cm。根茎横走，被棕褐色、卵状披针形鳞片。叶疏生，相距 1 ～ 2cm；叶柄长 2 ～ 5cm 或近无柄，与叶片同色，基部有卵状披针形鳞片，向上光滑；叶片披针形，基部渐窄下延至叶柄下部，全缘，干后稍反折；中脉在腹面明显，平，在背面隆起，不达顶端，小脉网状，网眼斜上，无内藏小脉；叶稍肉质，干后革质，皱缩。孢子囊群线形，通常 10 对以上，与中脉斜交。

生于海拔 500 ～ 1400m 的林下树干或岩石上。全草入药；夏秋季采收，除去杂质，洗净，晒干。具有清热解毒、利尿等功效。用于治疗尿路感染、咽喉肿痛、胃肠炎、狂犬咬伤。

第三章 裸子植物门

GYMNOSPERMAE

■ 三尖杉科 Cephalotaxaceae

三尖杉（山榧树、水杉）
Cephalotaxus fortunei Hook. f.

　　常绿小乔木。树皮褐色或红褐色，裂成薄片状脱落。枝条张开稍向下垂。叶线状披针形，微弯，先端有长尖头，基部渐狭，楔形或宽楔形，有短柄，腹面深绿色，中脉隆起，背面气孔带白色。雌雄异株，雄球花序球形，总花梗粗，花药黄色；雌球花的胚珠有 3 ～ 8 粒发育成种子。种子椭圆状卵形，假种皮成熟时紫色或紫褐色，顶端有小尖头。花期 4 月，种子 8 ～ 10 月成熟。

　　生于海拔 350 ～ 1200m 的山坡、林缘、溪旁或疏林中。枝叶入药；全年可采收，晒干。具有抗癌功效。用于治疗肿瘤。临床用于治疗恶性淋巴瘤、白血病、宫颈癌、乳腺癌及真性红细胞增多症。种子可驱虫消积、润肺止咳。

■ 红豆杉科 Taxaceae

南方红豆杉（红豆杉、美丽红豆杉）
Taxus chinensis (Pilger) Rehd. var. **mairei**
(Lemee et Levl.) Cheng et L. K. Fu

　　常绿乔木，高 20 ～ 30m。树皮灰褐色、红褐色或暗褐色，纵裂成长条薄片状脱落。叶排成 2 列，线形，呈弯镰状，先端渐尖，腹面中脉带上无角质乳头状突起点。雄球花淡黄色；雄蕊 8 ～ 14。种子生在杯状红色肉质的假种皮中，种子呈倒卵圆形或柱状长卵圆形，上部较宽，种脐常呈椭圆形。花期 4 ～ 5 月，种子 10 月成熟。

　　生于海拔 250 ～ 1200m 的沟谷、溪边或山坡杂木林中。枝、叶、茎皮或根皮入药；夏秋季采收，洗净，晒干。具有抗癌功效。现代研究表明，南方红豆杉茎皮中所含紫杉醇具有抗肿瘤作用。临床用于治疗耐药性卵巢上皮癌和输卵管癌。

榧树（榧子、香榧）
Torreya grandis Fort. ex Lindl.

　　常绿乔木，高达 25m。树皮浅黄灰色或灰褐色，不规则纵裂。叶排成 2 列，线形，先端凸尖，腹面绿色，背面淡绿色，气孔带常与中脉带等宽。雄球花单生叶腋，圆柱形；雄蕊多数，花药 4。种子椭圆形或卵圆形，成熟时假种皮淡紫褐色，有白粉，顶端微凸，基部有宿存的苞片。花期 4 月，种子翌年 10 月成熟。

　　生于海拔 500 ～ 1200m 的山地混交林中。种子入药；10 ～ 11 月种子成熟时采摘，除去肉质外种皮，取出种子，晒干。具有杀虫、消积、润燥等功效。用于治疗虫积腹痛、食积痞闷、便秘、痔疮、蛔虫病。临床用于治疗钩虫病和丝虫病。

第四章 被子植物门

ANGIOSPERMAE

■ 胡桃科 Juglandaceae

青钱柳（摇钱树、甜茶树）
Cyclocarya paliurus (Batalin) Iljinsk.

乔木，高 10 ～ 30m，髓部薄片状。奇数羽状复叶；小叶 7 ～ 9，革质，腹面有盾状腺体，背面网脉明显，有灰色细小鳞片及盾状腺体，叶两面均有短柔毛。花雌雄异株；雄花序 2 ～ 4 个成一束集生在短总梗上；雄花小苞片与花被片形状相同；雄蕊多数；雌花序单独顶生，雌花花被片 4，生于子房上端。果序轴细长，果实有革质水平圆盘状翅。花期 5 ～ 6 月，果期 9 月。

生于海拔 400 ～ 1500m 的山地湿润森林中。叶入药；春夏季采收，晒干或鲜用。具有清热消肿、止痛等功效。研究表明，青钱柳叶具有降血脂的作用。

■ 壳斗科 Fagaceae

苦槠（槠子）
Castanopsis sclerophylla (Lindl.) Schott.

高达 15m。小枝粗壮，嫩枝有明显的沟槽，枝、叶及叶柄均无毛。叶厚革质，长圆形、椭圆状长圆形或倒卵状椭圆形，先端渐尖，基部圆形至楔形，边缘中部以上有锐锯齿，背面被银灰色蜡层。雌花单生于总苞内。

壳斗近球形或深杯形，常全包；苞片三角形，顶端针刺形，排列成 6 ～ 7 个同心环，成熟时不规则爆裂。坚果近球形。花期 5 ～ 6 月，果期 10 月。

生于海拔 50 ～ 500m 的低山、丘陵地带或村庄附近。种仁入药；秋季采收成熟果实，晒干后剥取种仁。具有涩肠止泻、生津止渴等功效。用于治疗痢疾、泄泻、津伤口渴。

■ 桑科 Moraceae

构棘（柘藤、山荔枝、黄龙脱壳）
Cudrania cochinchinensis (Lour.) Kudo et Masam.

攀缘状灌木，高 2～4m。枝有粗壮或伸直而略弯的棘刺。叶革质，椭圆形或倒卵状椭圆形。花单性，雌雄异株；头状花序单生或成对腋生，有短柄和柔毛；雌花序结果时增大，雌花花被片 4。聚花果球形，肉质，成熟时橙红色。花期 4～5 月，果期 6～7 月。

生于山坡、溪边灌丛或林缘。根入药；全年可采挖，除去泥土、须根，洗净，晒干。具有祛风通络、活血通经、清热除湿、解毒消肿等功效。用于治疗风湿关节痛、劳伤咯血、跌打损伤。

天仙果
Ficus erecta Thunb. var. *beecheyana* (Hook. et Arn.) King

落叶小乔木，高 2～7m。小枝密生硬毛。叶倒卵状椭圆形，先端短渐尖，基部圆形至浅心形，全缘或上部偶有疏齿，表面较粗糙，疏生柔毛，背面被柔毛，侧脉 5～7 对；叶柄被毛。榕果单生叶腋，具总梗，球形或梨形，幼时被柔毛和短粗毛，顶生苞片脐状，基生苞片 3，成熟时黄红色至紫黑色。雄花和瘿花生于同一榕果内壁，雌花生于另一植株的榕果中；雄花有柄或近无柄，花被片 3 或 2～4，椭圆形至卵状披针形，雄蕊 2～3；瘿花近无柄或有短柄，花被片 3～5，子房椭圆状球形，花柱侧生，短，柱头 2 裂；雌花花被片 4～6，宽匙形，子房光滑有短柄，花柱侧生，柱头 2 裂。花果期 5～6 月。

生于山坡林下或溪边。果实入药；夏季拾取被风吹落或自行脱落的幼果及未成熟的果实，鲜用或晒干。具有润肠通便、解毒消肿等功效。用于治疗痔疮肿痛、便秘。

薜荔（凉粉子）
Ficus pumila L.

攀缘灌木，幼时以不定根攀缘。叶二型，营养枝上的叶小而薄，心状卵形，基部斜；长花序托的枝叶大而革质，卵状椭圆形；叶柄粗短。花序托具短梗，单生于叶腋，梨形或倒卵形；基生苞片3；雄花和瘿花同生于一花序托内，雌花生于另一花序托内；雄花有雄蕊2；瘿花似雌花，但花柱较短。花果期5～8月。

生于旷野、村旁老树上、墙壁上或石灰岩山坡上。小型枝叶入药；全年可采收，鲜用或晒干。具有祛风除湿、活血通络、解毒消肿等功效。用于治疗风湿痹痛、泻痢、淋证。

珍珠莲（石彭子）

Ficus sarmentosa Buch.-Ham. ex J. E. Sm.
var. henryi (King ex Oliv.) Corner

常绿攀缘藤本。幼枝初生褐色柔毛。叶互生，近革质，矩圆形或披针状矩圆形，先端尾状急尖或渐尖，背面有柔毛。花序托近球形，单生或成对腋生；雄花和瘿花生于同一花序托中，雌花生于另一花序托内；雄花花被片4，雄蕊2。榕果无总梗或具短梗。花果期4～8月。

生于低山疏林或山麓、山谷及溪边树丛中。果实入药；冬季果实成熟时采收，晒干。具有利水通淋、行气消胀等功效。用于治疗水肿、阴囊肿胀、小便涩痛、疝气坠胀。

■ 荨麻科 Urticaceae //////////////////////////////////////

假楼梯草

Lecanthus peduncularis (Wall. ex Royle) Wedd.

草本，高达70cm。常分枝，下部常匍匐，上部被柔毛。叶同对的不等大，卵形，稀卵状披针形，长4～15cm，先端渐尖，基部圆，有时宽楔形，有齿，腹面疏生透明硬毛，背面脉上疏生柔毛，钟乳体线形，两面明显，基出3脉，侧脉多数；叶柄长2～8cm，疏被柔毛；托叶长圆形或窄卵形，长3～9mm。花序单生叶腋，具盘状花序托；雄花序托盘径0.8～3.5cm，花序梗长5～30cm；雌花序托盘径0.5～1cm，花序梗长3～12cm；雄花花被片5，近先端有角；雌花花被片4（5），长圆状倒卵形，其中2枚先端有短角。瘦果椭圆状卵形，褐灰色，疏生疣点，上部背腹侧有脊。花期7～10月，果期9～11月。

生于山地沟边、林下阴湿处。全草入药；全年可采收，洗净，鲜用或晒干。具有润肺止咳功效。用于治疗阴虚久咳、咯血、肺热咳嗽。

粗齿冷水花

Pilea sinofasciata C. J. Chen

　　草本，高达 1m。叶同对的近等大，椭圆形、卵形、椭圆状或长圆状披针形，长（2～）4～17cm，先端长尾尖，基部楔形或钝圆，叶边有 10～15 对粗齿，腹面沿中脉常有 2 条白斑带，钟乳体在背面沿细脉排成星状，基出脉 3；叶柄长 1～5cm，有短毛；托叶三角形，长约 2mm，宿存。花雌雄异株或同株；花序聚伞圆锥状，具短梗，长不过叶柄；雄花花被片 4，合生至中下部，椭圆形，其中 2 枚近先端有不明显短角；雌花花被片 3，近等大。瘦果卵圆形，顶端歪斜，有疣点；宿存花被片下部合生，宽卵形，边缘膜质，长约果的一半。花期 6～7 月，果期 8～10 月。

　　生于山谷、林下或林缘阴湿地。全草入药；夏秋季采收，鲜用或晒干。具有清热解毒、祛淤止痛、活血祛风、理气止痛等功效。用于治疗高热、胃气痛、乳蛾、鹅口疮、消化不良、风湿骨痛、跌打损伤。

■ 蛇菰科 Balanophoraceae ////////////

日本蛇菰
Balanophora japonica Makino

寄生草本，高5～16cm。根茎块茎状，自基部分枝，分枝呈颇整齐的球形，表面有红褐色或铁锈色颗粒状小疣瘤和明显白色或带黄白色星芒状皮孔，顶端裂鞘4～5裂，裂片短三角形；花茎粗壮，最长约7cm，橙红色。鳞苞片8～14，呈疏松的覆瓦状排列，交互对生，卵圆形、卵形至卵状长圆形，橙红色，内凹，顶端圆或钝。雌花序椭圆状卵圆形至圆柱状卵圆形，偶卵圆形，深红色；子房椭圆形，有柄，花柱丝状，比子房长2～3倍；附属体有粗短的柄，倒卵形。花期9～10月。

生于海拔1150m以上的密林下。全草入药；秋季采收，去除杂质，洗净泥土，晒干。具有清热解毒、凉血止血等功效。用于治疗咳嗽吐血、痔疮肿痛、血崩。

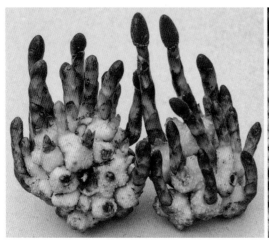

杯茎蛇菰
Balanophora subcupularis Tam

草本，高3～8cm。根茎淡黄褐色，通常呈杯状，表面常有不规则的纵纹，密被颗粒状小疣瘤和明显淡黄色、星芒状小皮孔，顶端的裂鞘5裂，裂片近圆形或三角形，边缘啮蚀状；花茎长1.5～3cm，常被鳞苞片遮盖。鳞苞片3～8，互生，稍肉质，阔卵形或卵圆形。花雌雄同株（序）；花序卵形或卵圆形，长约1.5cm，顶端圆形；雄花着生于花序基部，近辐射对称，花被4裂，裂片披针形或披针状椭圆形；雌花子房卵圆形或近圆形，有子房柄，着生于附属体基部；附属体棍棒状。花期9～11月。

生于海拔850m以上的密林下。全草入药；秋季采收，去除杂质，洗净泥土，晒干。具有清热凉血、消肿解毒等功效。

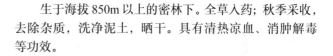

■ 蓼科 Polygonaceae

金线草（马蓼草、土三七、芭蕉扇）
Antenoron filiforme (Thunb.) Rob. et Vaut.

草本，高 40 ～ 100cm。根茎粗壮，呈结节状，内部粉红色。茎具糙伏毛，有纵沟，节稍膨大，浅红色。叶椭圆形或长椭圆形，两面均具糙伏毛；托叶鞘筒状，褐色，具短缘毛。总状花序呈穗状，顶生或腋生；萼片 4，红色，宿存。瘦果卵状，褐色，花萼宿存。花期 7 ～ 8 月，果期 9 ～ 10 月。

生于海拔 400 ～ 1500m 的山地林缘、沟边、路旁阴湿处。全草入药；夏秋季采收，洗净，晒干。具有凉血止血、清热利湿、散淤止痛等功效。用于治疗风湿骨痛、胃痛、咯血、吐血、产后血淤腹痛、跌打损伤。

金荞麦（铁拳头、野荞麦）
Fagopyrum dibotrys (D. Don) Hara

草本，高 60 ～ 160cm。块根粗壮，木质化，外面棕褐色，内面黄褐色。茎无毛，中空。叶片三角形，长与宽近相等，先端渐尖，基部心形，中脉明显，基出脉 7 条；托叶鞘管状。伞房状花序顶生或腋生；苞片三角状披针形；花小，白色，萼片 5，长圆形；雄蕊 8，短于萼片，花药紫红色；花柱 3。瘦果三棱形，黑褐色。花期 7 ～ 10 月，果期 9 ～ 11 月。

生于海拔 200 ～ 1500m 的山谷、溪边、林缘、路旁阴湿处。根茎入药；秋季采挖，去尽泥土，洗净，晒干或阴干。具有活血消痈、祛风除湿、清热解毒等功效。用于治疗咽喉痛、痈疮、瘰疬、肝炎、肺痈、头风、胃痛、痢疾、带下病。

何首乌（多花蓼）

Fallopia multiflora (Thunb.) Harald.

草质藤本，长 2～4m。具地下块根。茎缠绕，多分枝。叶片卵形；托叶鞘短管状，褐色。大型圆锥花序顶生；苞片内有 1～3 朵小花；花小，下部有关节；萼片 5，卵形，白色或浅黄色，外面 3 片肥厚；雄蕊 8，较萼片短；子房卵状三角形，花柱极短，柱头 3。瘦果卵状三棱形，黑褐色，有光泽，生于宿存花萼内。花期 6～9 月，果期 9～11 月。

生于海拔 1000m 以下的山坡、路边、溪边、林缘或灌丛中。块根入药；秋冬季叶枯萎时采挖，削去两端，洗净，切块，干燥。具有养血滋阴、润肠通便、截疟、祛风解毒等功效。用于治疗瘰疬疮痈、风疹瘙痒、肠燥便秘、高脂血症。

火炭母（晕药、赤地利）

Polygonum chinense L.

蔓生状草本，长约 1m。茎直立或匍匐藤状，有纵条纹。叶片卵形或长圆状卵形，常有 2 耳片，全缘或有细圆齿，腹面有八字形紫斑，上部叶无柄或抱茎，下部叶有长柄；托叶鞘管状，偏斜，膜质透明。花序头状，顶生或腋生；花密集，浅红色或白色；萼片 5，卵形；雄蕊 8；花柱 3。瘦果三棱形，黑褐色，包于宿存花萼内。花期 6～8 月，果期 9～10 月。

生于海拔 300～1400m 的山谷、林缘、路旁、溪边阴湿处。全草入药；夏秋季采收，洗净，晒干或鲜用。具有清热利湿、凉血解毒、平肝明目、活血舒筋等功效。用于治疗泄泻、痢疾、黄疸、风热咽痛、虚热头昏、带下病、痈肿湿疮。

虎杖（酸筒杆）
Reynoutria japonica Houtt.

多年生草本，高 1 ～ 1.5m。茎直立，丛生，基部木质化，分枝，无毛，中空，散生红色或紫红色斑点。叶有短柄；叶片宽卵形或卵状椭圆形，长 6 ～ 12cm，宽 5 ～ 9cm，顶端有短骤尖，基部圆形或楔形；托叶鞘膜质，褐色，早落。花单性，雌雄异株，呈腋生的圆锥状花序；花梗细长，中部有关节，上部有翅；花被 5 深裂，裂片 2 轮，外轮 3 片在果时增大，背部生翅；雄花雄蕊 8；雌花花柱 3，柱头头状。瘦果椭圆形，有 3 棱，黑褐色，光亮，包于增大的翅状花被内。

生于山谷、沟边、溪旁或林缘、路旁灌丛中。根及根茎入药；春秋季采挖，除去须根，洗净，趁鲜切短段或厚片，晒干。具有利湿退黄、清热解毒、散淤止痛、止咳化痰等功效。用于治疗湿热黄疸、淋浊、带下、风湿痹痛、痈肿疮毒、水火烫伤、经闭、症瘕、跌打损伤、肺热咳嗽。

酸模（牛舌头草、土大黄、牛耳大黄）

Rumex acetosa L.

草本，高 30 ～ 100cm，有酸味。主根粗壮，断面黄色，茎中空，表面有沟纹。基生叶有长柄，叶片长椭圆形至披针形，基部箭形；茎生叶较小；托叶鞘斜先端有缘毛。圆锥花序顶生；花单性异株，萼片 5，椭圆形，红色，排列成 2 轮；雄花内轮萼片较外轮萼片大，雄蕊 6；雌花内轮萼片果时增大，柱头 3，画笔状。瘦果卵状三棱形。花期 4 ～ 7 月，果期 6 ～ 9 月。

生于海拔 1600m 以下的山坡、路边、林缘或田埂上。全草或根入药；夏季采收全草或挖根，洗净，晒干或鲜用。具有凉血止血、泄热通便、利尿、杀虫等功效。用于治疗热痢、小便淋痛、吐血、恶疮、疥癣。

■ 石竹科 Caryophyllaceae

剪红纱花

Lychnis senno Sieb. et Zucc.

多年生草本，高达 1m，全株被粗毛。根簇生，细圆柱形，黄白色，稍肉质。茎单生，直立。叶片椭圆状披针形，长（4 ～）8 ～ 12cm，宽 2 ～ 3cm，基部楔形，两面被柔毛，具缘毛。二歧聚伞花序具多花；花径 3.5 ～ 5cm；花梗长 0.5 ～ 1.5cm；苞片披针形，被柔毛；花萼窄筒状，长（2 ～）2.5 ～ 3cm，径 2.5 ～ 3.5cm，后期上部微膨大，沿脉疏被长柔毛，萼齿三角形，具短缘毛；花瓣深红色，爪窄楔形，无毛，瓣片三角状倒卵圆形，不规则深裂，裂片具缺刻状齿；花药暗紫色；雌雄蕊柄长 1 ～ 1.5cm。蒴果椭圆状卵圆形，长 1 ～ 1.5cm，微长于宿萼。种子红褐色，肾形，长约 1mm，具小瘤。花期 7 ～ 8 月，果期 8 ～ 9 月。

生于山地沟谷、林下、山顶、山坡灌丛中。全草入药；8 月采收带根全草，洗净，晒干。具有清热利尿、散淤止痛等功效。用于治疗外感发热、感冒、风湿关节痛、跌打损伤、热淋、泄泻。

■ 木兰科 Magnoliaceae

鹅掌楸（马褂木）
Liriodendron chinense (Hemsl.) Sarg.

乔木，高达 40m，胸径 1m 以上。小枝灰色或灰褐色。叶马褂状，长 4～18cm，近基部每边具 1 侧裂片，先端具 2 浅裂，背面苍白色；叶柄长 4～16cm。花杯状，花被片 9，外轮 3 片，绿色，萼片状，向外弯垂，内两轮 6 片，直立，花瓣状、倒卵形，长 3～4cm，绿色，具黄色纵条纹；花药长 10～16mm，花丝长 5～6mm；花期时雌蕊群超出花被之上，心皮黄绿色。聚合果长 7～9cm，具翅的小坚果长约 6mm，顶端钝或钝尖，具种子 1～2 粒。花期 5 月，果期 9～10 月。

生于海拔 900～1000m 的山地林中。根、树皮入药；全年可剥取树皮或挖根。具有祛风除湿、止咳等功效。用于治疗风湿关节痛、风寒咳嗽。

凹叶厚朴（庐山厚朴）
Magnolia officinalis Rehd. et Wils. subsp. **biloba** (Rehd. et Wils.) Law

落叶大乔木，高达 20m。树皮厚，紫褐色。顶芽大，窄卵状圆锥形。叶大，集生枝顶，呈假轮生状，倒卵形或倒卵状椭圆形，叶先端凹缺成 2 钝圆的浅裂片，基部楔形或圆形，全缘或微波状，背面淡绿色。花在叶后开放或同时开放，白色，偶带淡红色，有芳香；花被片 9～12，厚肉质，外轮 3 片淡绿色。聚合果长椭圆状卵形，基部较窄；蓇葖尖头短，不呈喙状。

生于海拔 300～1200m 的山腰、山脚和山谷林中。干皮、根皮或枝皮入药；4～6 月剥取，根皮和枝皮直接阴干。具有燥湿消痰、下气除满的功效。用于治疗胸腹胀满、气逆喘咳、呕吐泻痢。

黄山玉兰

Yulania cylindrical (E. H. Wilson) D. L. Fu

乔木，高达 10m。冬芽卵形，密被淡黄色绢毛。枝条紫褐色，幼枝、叶柄、叶背被淡黄色平伏毛。叶倒卵形、狭倒卵形或倒卵状长圆形，长 6 ～ 14cm，宽 2 ～ 5cm，先端尖或圆，很少短尾状钝尖，腹面绿色，无毛，背面灰绿色；叶柄长 0.5 ～ 2cm，有狭沟；托叶痕为叶柄长的 1/6 ～ 1/3。花先叶开放；花被片 9，外轮 3 片有时萼片状，内两轮白色，基部红色，倒卵形。聚合果圆柱形，下垂，熟时稍带紫红色；蓇葖排列紧贴，不弯曲。花期 4 ～ 5 月，果期 8 ～ 9 月。

生于海拔 700 ～ 1900m 的向阳山坡或沟谷两侧阔叶林中。花蕾入药；冬末春初花未开放时采收。具有润肺止咳、利尿消肿等功效。用于治疗肺热咳嗽、痰中带血、痈疮肿毒。

■ 番荔枝科 Annonaceae

瓜馥木（钻山风、香藤子、狐狸桃）

Fissistigma oldhamii (Hemsl.) Merr.

常绿木质藤本，长达 10m，小枝、叶背、叶柄和花均被黄褐色柔毛。单叶互生，革质，长圆形或倒卵状椭圆形，侧脉 16 ～ 20 对。花 1 ～ 3 朵集成密伞花序；萼片 3，阔三角形；花瓣 6，2 轮排列，外轮卵状长圆形，内轮较小；雄蕊多数；心皮多数，被长绢毛。果实球形，密被黄棕色绒毛。花期 4 ～ 9 月，果期 7 月至翌年 2 月。

生于低海拔山谷、溪边或疏林中。藤茎及根入药；全年可采收，除去杂质，干燥。具有祛风镇痛、活血化淤等功效。用于治疗坐骨神经痛、风湿痹痛、腰痛、跌打损伤。

■ 五味子科 Schisandraceae

南五味子（内风消、红木香、紫金藤）

Kadsura longipedunculata Finet et Gagnep.

木质藤本。叶长圆状披针形、倒卵状披针形或卵状长圆形。花单生叶腋，雌雄异株；花被片淡黄色，中间一轮最大一片椭圆形；雄花花托椭圆形，不凸出雄蕊群外，雄蕊群球形，雄蕊 30 ～ 70，药隔与花丝连成扁四方形，花丝极短；雌花雌蕊群椭圆形或球形，单雌蕊 40 ～ 60，花柱具盾状心形柱头冠。聚合果球形，小浆果倒卵圆形。花期 6 ～ 9 月，果期 9 ～ 12 月。

生于海拔 1000m 以下的山坡、沟谷、溪边林中或林缘。藤茎或根入药；秋冬季采收，洗净，趁鲜切厚片，晒干。具有消肿散淤、活血止痛等功效。用于治疗跌打损伤、脘腹疼痛、风湿痹痛。

华中五味子（五味子）

Schisandra sphenanthera Rehd. et Wils.

　　木质藤本。叶纸质，倒卵形、宽倒卵形至椭圆形，背面淡灰绿色。花生于小枝近基部叶腋；花梗长 2 ～ 4.5cm，基部具苞片；花被片 5 ～ 9，橙黄色；雄花雄蕊群倒卵圆形，花托顶端圆钝，雄蕊 11 ～ 23；雌花雌蕊群卵球形，单雌蕊 30 ～ 60。小浆果红色，球形。花期 4 ～ 7 月，果期 7 ～ 9 月。

　　生于海拔 500 ～ 1000m 的湿润阔叶林或灌丛中。果实入药；果实呈紫红色时，随熟随采，晒干或阴干。具有收敛固涩、益气生津、宁心安神等功效。用于治疗久咳虚喘、遗尿、尿频、遗精、久泻、盗汗、伤津口渴、心悸失眠、内热消渴。

■ 八角科 Illiciaceae

红毒茴（莽草、披针叶茴香）

Illicium lanceolatum A. C. Smith

　　常绿灌木或小乔木，高 3 ～ 10m。树皮灰褐色。单叶互生，革质，倒披针形或披针形，腹面绿色，背面淡绿色。花单生或 2 ～ 3 朵簇生于叶腋；花梗细长；花被片 10 ～ 15，数轮排列，外轮较小，有缘毛，内轮深红色；雄蕊 6 ～ 11，排成 1 轮；心皮 10 ～ 13。蓇葖果 10 ～ 13，轮状排列，每个蓇葖顶端有长而弯曲的尖头。花期 7 ～ 8 月，果期 9 ～ 10 月。

　　生于沟谷、溪边密林下。根及根皮入药；全年均可采挖，洗净，阴干。具有祛风除湿、散淤止痛的功效。用于治疗风湿关节痛、腰腿痛、跌打损伤。

■ 樟科 Lauraceae

香桂（细叶香桂、土桂皮）
Cinnamomum subavenium Miq.

乔木，高达 20m。树皮灰色，平滑。小枝密被黄色平伏绢状柔毛。叶椭圆形、卵状椭圆形或披针形，长 4 ～ 13.5cm，先端渐尖或短尖，基部楔形或圆形，腹面初被黄色平伏绢状柔毛，后脱落无毛，背面初密被黄色绢状柔毛，后毛渐稀，三出脉或近离基三出脉，腹面稍泡状隆起，背面脉腋常具浅囊状隆起；叶柄长 0.5 ～ 1.5cm，密被黄色平伏绢状柔毛。花梗长 2 ～ 3mm，密

被黄色平伏绢状柔毛；花被片两面密被柔毛，外轮长圆状披针形或披针形，内轮卵状长圆形；能育雄蕊长 2.4 ～ 2.7mm，花丝及花药背面被柔毛。果椭圆形，长约 7mm，蓝黑色；果托杯状，全缘，径达 5mm。花期 6 ～ 7 月，果期 8 ～ 10 月。

生于海拔 400 ～ 1200m 的山坡或山谷常绿阔叶林中。树皮或根入药；全年均可采剥树皮或挖根，洗净，阴干。具有温中散寒、理气止痛、活血通经等功效。用于治疗胃寒疼痛、胸满腹痛、呕吐泄泻、跌打损伤、疝气痛、风湿痹痛。

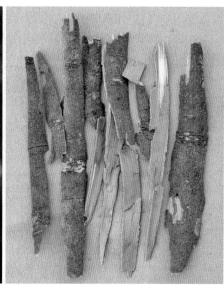

乌药（侧鱼樟、旁皮卵）
Lindera aggregata (Sims) Kosterm.

常绿灌木或小乔木，高达 5m。根木质，有时膨大呈纺锤形，淡紫红色。幼枝密被黄色绢毛。叶卵形、椭圆形或近圆形，三出脉。伞形花序腋生；花梗被柔毛；花被片近等长，被白色柔毛；雄花花丝疏被柔毛，第 3 轮

花丝基部具 2 宽肾形有柄腺体；退化雌蕊坛状；子房椭圆形，被褐色短柔毛，柱头头状。核果卵圆形或近球形。花期 3 ～ 4 月，果期 5 ～ 11 月。

生于向阳山坡、山谷、疏林或灌木丛中。块根入药；冬春季采挖，去除须根，洗净晒干或趁鲜刮去外皮，切片干燥。具有温中散寒、行气止痛等功效。用于治疗心胃气痛、泄泻、痛经、风湿痛、跌打损伤。

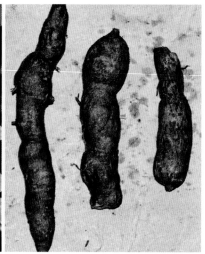

山胡椒（牛筋树、牛荆条）
Lindera glauca (Sieb. et Zucc.) Bl.

　　落叶小乔木或灌木状，高达 8m。小枝灰色或灰白色，幼时淡黄色，初被褐色毛。冬芽长角锥形，芽鳞无脊。叶宽椭圆形、椭圆形、倒卵形或窄倒卵形，长 4～9cm，背面被白色柔毛，侧脉（4）5～6 对；翌年发新叶时落叶。伞形花序从混合芽生出，梗长不及 3mm，具 3～8 花；雄花花梗长约 1.2cm，密被白柔毛，花被片椭圆形，脊部被柔毛，雄蕊 9，第 3 轮花丝基部具 2 个宽肾形腺体；雌花花梗长 3～6mm，花被片椭圆形或倒卵形，柱头盘状，退化雄蕊线形，第 3 轮花丝基部具 2 个有柄不规则肾形腺体。果球形，黑褐色，径约 6mm；果柄长 1～1.5cm。花期 3～4 月，果期 7～9 月。

　　生于海拔 700m 以下的山坡灌丛、林缘或疏林中。果实入药；秋季成熟时采摘，晒干。具有温中散寒、行气止痛、平喘、化痰止咳等功效。用于治疗脘腹冷痛、哮喘、胸满痞闷。

三桠乌药
Lindera obtusiloba Bl.

　　落叶乔木或灌木状，高达 10m。小枝黄绿色。芽卵圆形，无毛，内芽鳞被淡褐黄色绢毛；有时为混合芽。叶近圆形或扁圆形，长 5.5～10cm，先端尖，3（5）裂，稀全缘，基部近圆形或心形，稀宽楔形，背面被褐黄色柔毛或近无毛，三出脉，稀五出脉，网脉明显；叶柄长 1.5～2.8cm，被黄白色柔毛。混合芽椭圆形，具无总梗花序 5～6，每花序具 5 花。雄花花被片被长柔毛，内面无毛，能育雄蕊 9，第 3 轮花丝基部具 2 个有长柄宽肾形具角突的腺体，退化雌蕊长椭圆形；雌花花被片内轮较短，子房长 2.2mm，花柱短，退化雄蕊条片形，第 3 轮花丝基部有 2 个长柄腺体。果宽椭圆形，长 8mm，红色至紫黑色。花期 3～4 月，果期 8～9 月。

　　生于海拔 1000～1900m 的沟谷密林、林缘、山顶矮林或山坡灌丛。树皮入药；全年可采剥树皮，晒干或鲜用。具有温中行气、活血散淤等功效。用于治疗淤血肿痛、疮毒、跌打损伤。

山鸡椒（山苍子、橡子柴）

Litsea cubeba (Lour.) Pers.

　　小乔木或灌木状，高达 10m。枝、叶、果实芳香。叶互生，披针形或长圆形，侧脉 6 ～ 10 对。伞形花序单生或簇生，花序梗长 0.6 ～ 1cm；雄花序具 4 ～ 6 花；花被片宽卵形，花丝中下部被毛。浆果状核果近球形，黑色。花期 2 ～ 3 月，果期 7 ～ 8 月。

　　生于海拔 250 ～ 1500m 的向阳山坡、林缘、灌丛或疏林中。果实入药；7 ～ 8 月采摘，除去杂质，阴干。具有温中止痛、行气活血、平喘、利尿等功效。用于治疗食积气滞、胃痛、感冒头痛、血吸虫病。

红楠

Machilus thunbergii Sieb. et Zucc.

乔木，高达 20m。新枝紫红色，无毛。叶革质，倒卵形或倒卵状披针形，先端短突尖或短渐尖，基部楔形，腹面有光泽，背面被白粉，无毛或具肉眼不可见的贴伏微柔毛，中脉近基部带红色，侧脉 7～10 对，斜上直出；叶柄较细，稍带红色。花序顶生或在新枝上腋生，在总梗 2/3 以上分枝；花被片外面无毛。果实扁球形，蓝黑色；果序梗和果梗鲜红色。花期 2～3 月，果期 7 月。

生于海拔 200～1000m 的沟谷常绿阔叶林中。根皮、树皮入药；全年可采剥树皮或挖根，洗净，阴干。具有舒筋活血、消肿止痛等功效。用于治疗扭挫伤、脚肿、吐泻不止。

■ 毛茛科 Ranunculaceae

乌头（川乌）

Aconitum carmichaelii Debx.

多年生草本，株高 60～150cm。块根通常 2 个，倒圆锥形，黑褐色。叶互生，叶片五角形，基部浅心形，3 裂几达基部，中央裂片宽菱形，顶端短渐尖，边缘近羽状分裂，小裂片三角形，侧生裂片斜扇形，不等 2 深裂。总状花序顶生；花序轴及花梗被反曲短柔毛；花两性，两侧对称；萼片 5，花瓣状，上萼片高盔形，侧萼片蓝紫色，被短柔毛；花瓣 2，无毛，有距和长爪，距通常拳卷；雄蕊多数，无毛或被短毛；心皮 3～5，被短柔毛。蓇葖果。种子三棱形，有膜质翅。花期 9～10 月，果期 10～11 月。

生于海拔 1000m 以上的山地草坡或灌丛中。块根入药，有大毒；6～8 月采挖母根，除去子根、须根及泥沙，洗净，晒干，炮制。具有祛风除湿、温经止痛、麻醉等功效。用于治疗风寒湿痹、关节疼痛、心腹冷痛、寒疝作痛。

小木通（川木通）

Clematis armandii Franch.

木质藤本，高达6m。茎圆柱形，有纵条纹。小枝有棱，有白色短柔毛，后脱落。三出复叶；小叶片革质，卵状披针形、长椭圆状卵形至卵形，长4～12（～16）cm，宽2～5（～8）cm，顶端渐尖，基部圆形、心形或宽楔形，全缘，两面无毛。聚伞花序或圆锥状聚伞花序，腋生或顶生，通常比叶长或近等长；腋生花序基部有多数宿存芽鳞，为三角状卵形、卵形至长圆形，长0.8～3.5cm；花序下部苞片近长圆形，常3浅裂，上部苞片渐小，披针形至钻形；萼片4（～5），开展，白色，偶带淡红色，长圆形或长椭圆形，大小变异极大，长1～2.5（～4）cm，宽0.3～1.2（～2）cm，外面边缘密生短绒毛至稀疏；雄蕊无毛。瘦果扁，卵形至椭圆形，长4～7mm，疏生柔毛；宿存花柱长达5cm，有白色长柔毛。花期3～4月，果期4～7月。

生于海拔1000m以上的山坡、路边、林边或水沟旁。藤茎入药；秋季采收，刮去外皮，晒干。具有利尿通淋、清心除烦、通经下乳等功效。用于治疗淋证、水肿、心烦尿赤、口舌生疮、经闭乳少、湿热痹痛。

威灵仙（铁脚威灵仙）

Clematis chinensis Osbeck

　　木质藤本，干后变黑。枝无毛或疏被柔毛。羽状复叶具5小叶；小叶纸质，卵形、窄卵形或披针形，长1.5～9.5cm，先端渐尖或渐窄，基部圆形、宽楔形或浅心形，全缘，腹面脉疏被毛，背面无毛或脉上疏被毛；叶柄长1.8～7.5cm。花序腋生或顶生，多花，花序梗长3～8.5cm；苞片椭圆形或线形；花梗长1.4～3cm；萼片4，白色，平展，倒卵状长圆形，长0.6～1.3cm，顶部疏被柔毛，边缘被绒毛；雄蕊无毛，花药窄长圆形或条形，长2～3.5mm。瘦果椭圆形，长5～7mm，被柔毛；宿存花柱长1.8～4cm，羽毛状。花期6～9月。

　　生于海拔80～1100m的山坡、林缘、山谷灌丛、沟边、路旁草丛中。根及根茎入药；秋季采挖，去除茎叶与泥土，洗净，晒干。具有祛风湿、通经络等功效。用于治疗肢体麻木、风湿痹痛、筋脉拘挛、屈伸不利。

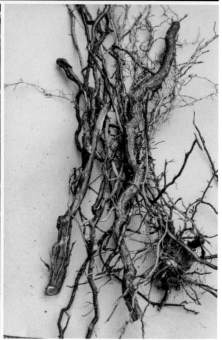

山木通（威灵仙、老虎须）

Clematis finetiana Lévl. et Vant.

　　木质藤本。茎有浅纵沟。三出复叶，小叶革质，长卵形或披针形。花序腋生或顶生；苞片小，三角形；萼片4，白色，窄披针形，边缘被绒毛；雄蕊无毛，花药窄长圆形或线形，顶端具小尖头。瘦果镰状纺锤形，被柔毛；宿存花柱羽毛状。花期4～6月，果期8～10月。

　　生于海拔180～1000m的山坡疏林、溪边、路旁或灌木丛中。根入药；全年均可采，洗净，晒干或鲜用。具有祛风利湿、活血解毒等功效。用于治疗跌打损伤、关节痛。

单叶铁线莲
Clematis henryi Oliv.

木质藤本。枝疏被柔毛。单叶，纸质，长卵形或披针形，边缘有小齿。花序腋生，通常仅有1花；苞片钻形；萼片4，浅黄色或白色；雄蕊花丝密被长柔毛，花药长圆形，顶端钝。瘦果狭卵形，被短柔毛；宿存花柱羽毛状。花期10～12月，果期春季。

生于海拔200～1100m的溪边、山谷、阴湿坡地、林下或灌木丛中。根入药；秋冬季采挖根部，除去茎叶、须根及杂质，晒干或晾干。具有清热解毒、行气活血、止痛、驱蛔等功效。用于治疗胃痛、腹痛、跌打损伤、小儿高烧。

  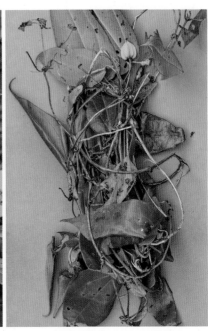

柱果铁线莲（威灵仙）
Clematis uncinata Champ.

木质藤本。枝无毛。一至二回羽状复叶，小叶薄革质，卵形或卵状椭圆形，背面被白粉。花序腋生或顶生，多花，无毛；苞片钻形；萼片4，白色，平展；雄蕊无毛，花药窄长圆形或线形，顶端具小尖头。瘦果钻状圆柱形；宿存花柱羽毛状。花期7～8月，果期8～11月。

生于海拔400～1200m的山谷、林缘、沟边或路旁灌丛中。根入药；秋季采挖，去净茎叶，洗净泥土，晒干。具有祛风除湿、通风止痛等功效。用于治疗肢体麻木、风湿痹痛、关节屈伸不利、脚气肿痛、疟疾、骨鲠喉咽。

短萼黄连（黄连、土黄连）

Coptis chinensis Franch. var. **brevisepala** W. T. Wang et Hsiao

多年生常绿草本。根茎横走，黄色，簇生多数须根。叶基生，叶片3全裂，中央裂片卵状菱形，不规则羽状深裂，裂片边缘有小刺状锯齿，侧生裂片斜卵形，不等2深裂；叶柄细长，无毛。花葶略高出叶，有花3～8朵；花小；萼片5，长约6.5mm，黄绿色，披针形；花瓣绿白色，线状披针形，中央有蜜槽；雄蕊约20；心皮8～12。蓇葖果具短柄，放射状排列。

生于海拔800m以上的山地沟边林下或山谷阴湿处。全草入药；夏秋季采挖，除去杂质，洗净泥沙，干燥。具有清热燥湿、泻火解毒等功效。用于治疗痢疾、泄泻、呕吐、心火亢盛、温热痞满。

猫爪草（小毛茛）
Ranunculus ternatus Thunb.

　　小草本。肉质小块根卵球形或纺锤形。基生叶有长柄，单叶或三出复叶，小叶菱形，2～3浅裂或深裂，单叶五角形或宽卵形；茎生叶较小，3全裂，裂片线形。单花顶生；花托无毛；萼片5，卵形；花瓣5，倒卵形；雄蕊多数。瘦果卵球形。花果期3～5月。

　　生于海拔50～500m的田边荒地、路旁或山坡草丛中。块根入药，有毒；春夏季采挖，除去须根及泥沙，洗净，晒干。具有解毒、消肿、散结等功效。用于治疗瘰疬未溃、咳嗽痰浓。临床用于治疗颈淋巴结核。

天葵（千年老鼠屎、小乌头）
Semiaquilegia adoxoides (DC.) Makino

　　草本，株高 10 ～ 32cm。块根棕黑色。基生叶多数，为掌状三出复叶，叶片轮廓卵圆形至肾形，小叶扇状菱形或倒卵状菱形，3 深裂，每个深裂片再分出 2 ～ 3 小裂片，两面无毛，叶柄基部扩大呈鞘状；茎生叶与基生叶相似，较小。花序有 2 至数朵花；花小；花梗纤细，被伸展的白色短柔毛；萼片 5，白色，常带淡紫色，狭椭圆形；花瓣匙形，基部凸起呈囊状；雄蕊 8 ～ 14，花药椭圆形，退化雄蕊 2，线状披针形，与花丝近等长；心皮 3 ～ 5，花柱短。蓇葖果卵状长椭圆形，表面具凸起的横向脉纹。3 ～ 4 月开花，4 ～ 5 月结果。

　　生于海拔 50 ～ 1050m 的疏林下、路旁或山谷阴湿处。块根入药；夏初采挖，除去须根，洗净，晒干。具有解毒消肿、清热、散结等功效。用于治疗痈肿疔疮、乳痈、瘰疬、蛇虫咬伤。

尖叶唐松草
Thalictrum acutifolium (Hand.-Mazz.) Boivin

　　草本。根肉质，胡萝卜形。茎高 15 ～ 50cm，中部以上分枝。基生叶 2 ～ 3，二回三出复叶，小叶草质，顶生小叶有长柄，卵形，不分裂或 3 浅裂，边缘有疏齿，叶柄长达 10cm；茎生叶较小。花序伞房状；萼片 4 浅裂，粉红色；雄蕊多数，花丝上部倒披针形；心皮 6 ～ 12，具细柄。瘦果扁，长椭圆形。花期 6 ～ 8 月，果期 7 ～ 9 月。

　　生于海拔 800 ～ 1800m 的山坡灌丛、山谷、沟旁或林边湿润处。根入药；春夏季采挖，洗净，鲜用或晒干。具有清热解毒、明目、止泻、凉血等功效。用于治疗全身黄肿、眼睛发黄。

■ 小檗科 Berberidaceae

武夷小檗

Berberis wuyiensis C. M. Hu

常绿灌木，高 1 ～ 1.5m。枝具条棱和稀小疣点。茎刺三分叉，淡黄棕色，近圆柱形。叶 3 ～ 5 片簇生，革质，倒披针形或椭圆状倒卵形，基部楔形，中脉明显隆起；叶缘中部以上具 2 ～ 4 刺齿，偶全缘。花 6 ～ 12 朵簇生，淡黄色；萼片 2 轮，外萼片披针形或卵状披针形，内萼片长圆形；花瓣倒卵形，先端缺裂，基部爪状，具 2 个腺体；胚珠 1 ～ 2。浆果椭圆状长圆形，具短宿存花柱，不被白粉。花期 5 ～ 6 月，果期 7 ～ 9 月。

生于海拔 1900 ～ 2100m 的疏林、灌丛中。根入药；夏秋季采挖，剪去茎枝，洗净，晒干。具有清热解毒的功效。用于治疗疮毒、丹毒、咽喉肿痛、烫火伤。

八角莲（八角金盘、独脚莲）

Dysosma versipellis (Hance) M. Cheng ex Ying

草本。横走根茎粗壮；茎不分枝。茎生叶 1，稀 2，盾状圆形，4 ～ 9 浅裂，裂片宽三角状卵形或卵状长圆形，边缘有细齿。花深红色，5 ～ 8 朵排列成伞形花序，簇生于近叶柄上部离叶片不远处；花梗细长；萼片 6，外面疏生长柔毛；花瓣 6；雄蕊 6；子房上位，柱头盾状。浆果卵形，黑色。花期 3 ～ 5 月，果期 9 ～ 10 月。

生于海拔 350 ～ 1500m 的山坡林下、岩石缝中或沟边阴湿处。根茎入药，有大毒；春秋季采挖，除去茎叶，洗净泥沙，晒干或烘干。具有活血祛淤、清热解毒等功效。用于治疗咽喉肿痛、跌打损伤、风湿痹痛、毒蛇咬伤。

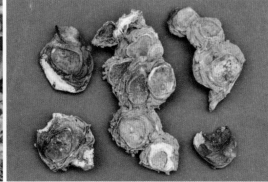

三枝九叶草（箭叶淫羊藿、淫羊藿）

Epimedium sagittatum (Sieb. et Zucc.) Maxim.

草本。茎高 25 ～ 50cm；根茎短。一回三出复叶，小叶狭卵形至披针形，基部深或浅心形，边缘有多数刺齿；顶生小叶基部近圆形，侧生小叶基部裂片不对称。圆锥花序顶生；花白色，20 ～ 60 朵，外萼片长；雄蕊 4。蒴果有喙。花期 3 ～ 4 月，果期 4 ～ 5 月。

生于海拔 400 ～ 1800m 的山坡阴湿处或山谷林下。全草入药；夏秋季采收，除去杂质，晒干。具有补肾壮阳、强筋健骨、祛风除湿等功效。用于治疗阳痿、劳倦乏力、风湿痛、跌打损伤、小儿麻痹后遗症、劳伤咳嗽。

阔叶十大功劳（土黄连、土黄柏）

Mahonia bealei (Fort.) Carr.

常绿灌木，高 1 ～ 4m。树皮黄褐色。羽状复叶，小叶 7 ～ 19，厚革质，顶生小叶有柄，侧生小叶无柄，卵形至卵状椭圆形，每边 2 ～ 5 个刺状齿。总状花序直立，6 ～ 9 个簇生；花小，黄褐色；花萼花瓣状，9 数，3 轮排列；花瓣 6，先端稍凹，腺体明显；雄蕊 6。浆果卵圆形，蓝黑色，有白粉。花期 11 月至翌年 3 月，果期 4 ～ 8 月。

生于海拔 900 ～ 1800m 向阳的灌木丛中或林缘。根或茎入药；全年可采收，洗净泥沙，切段，晒干或鲜用。具有清热、燥湿、解毒等功效。用于治疗目赤、痈疽疔毒、衄血。

■ 大血藤科 Sargentodoxaceae

大血藤（大活血、红藤）
Sargentodoxa cuneata (Oliv.) Rehd. et Wils.

　　落叶木质藤本。小枝暗红色。三出复叶，顶生小叶近棱状倒卵形；侧生小叶斜卵形。总状花序腋生；雄花与雌花同序或异序，同序时，雄花生于基部；花梗细长；萼片长圆形，顶端钝；花瓣小，圆形；雄蕊花药长圆形；雌蕊螺旋状生于卵状突起的花托上，子房瓶形，花柱线形，柱头斜。小浆果近球形，黑蓝色。花期4～5月，果期6～9月。

　　生于海拔200～1500m的山坡灌丛、沟谷、林缘或疏林中。藤茎入药；8～9月采收，除去枝叶，洗净，切段，晒干。具有清热解毒、活血、祛风等功效。用于治疗风湿痹痛、跌打损伤、肠痛、痢疾、经闭腹痛、肠道寄生虫病。

■ 木通科 Lardizabalaceae

木通（五叶木通）
Akebia quinata (Houtt.) Decne.

　　落叶或半常绿缠绕木质藤本，全体无毛。掌状复叶，簇生于短枝顶端，叶柄细长；小叶5，革质，倒卵形或倒卵状椭圆形，顶生小叶长2.5～5cm，侧生小叶较小，先端圆而稍凹入，全缘。花单性，雌雄异株，紫色，总状花序腋生；雌花1～2朵；雄花4～10朵。浆果状蓇葖果，肉质，长圆形或椭圆形，长5～8cm，直径3cm，熟时紫色。种子卵形，种皮褐色或黑色。花期4～5月，果期6～8月。

　　生于海拔300～1100m的山坡灌丛、林缘、路边或沟谷中。藤茎、果实入药；藤茎秋季采收，果实夏秋季变绿黄色时采收。藤茎（木通）具有利尿通淋、清心除烦、通经下乳等功效；果实（预知子）具有疏肝理气、活血止痛、散结、利尿等功效。

白木通（八月炸、预知子）
Akebia trifoliata (Thunb.) Koidz. subsp. *australis*
(Diels) T. Shimizu

　　木质藤本。小叶 3，革质，卵状长圆形或长椭圆形，先端圆钝，常微凹，边缘常全缘，偶有不规则的浅缺刻。总状花序腋生，雌雄同序；雄花较小，在花序的上部；雌花较大，在花序的下部；心皮 3 ～ 12，分离；萼片均为紫红色。浆果状蓇葖果，长卵形，成熟时黄褐色，成熟后沿腹缝线开裂。花期 3 ～ 4 月，果期 5 ～ 7 月。

　　生于海拔 200 ～ 1200m 的林缘、路边及山坡灌丛中。藤茎、果实入药；藤茎秋季采收，果实夏秋季变绿黄色时采收。藤茎（木通）具有利尿通淋、清心除烦、通经下乳等功效；果实（预知子）具有疏肝理气、活血止痛、散结、利尿等功效。

野木瓜（挪藤、七叶莲、牛卵子）

Stauntonia chinensis DC.

常绿木质藤本。幼茎绿色，老茎皮浅灰褐色，纵裂。掌状复叶，小叶 5 ~ 9，革质，长圆形或长圆状披针形，老叶背面斑点明显。伞房花序数个腋生，每花序具花 3 ~ 5 朵；总花梗纤细，基部具大苞片；雄花萼片外面淡黄色或乳白色，里面紫红色，外轮披针形，内轮线状披针形，蜜腺状花瓣 6，花丝连合，药隔突出成角状附属体；雌花萼片与雄花相似但稍大，心皮圆锥形，柱头乳头状。浆果椭圆形，橙黄色。花期 3 ~ 4 月，果期 8 ~ 10 月。

生于海拔 400 ~ 1500m 的常绿阔叶林下、山谷、山坡灌丛或林缘。藤茎入药；全年均可采割，洗净，切段，干燥。具有祛风止痛、舒筋活络等功效。用于治疗风湿痛、跌打损伤、痈肿、水肿、小便淋痛、月经不调。

■ 防己科 Menispermaceae

粉防己（石蟾蜍）

Stephania tetrandra S. Moore

草质藤本，长达 2m。根粗大，圆柱形结节状，断面粉白色。单叶互生，纸质，宽三角状卵形，背面粉白色，掌状脉 9 条；叶柄盾生。花单性异株；花序头状腋生，长而下垂，组成总状；雄花萼片 4，花瓣 5，肉质，边缘内折，聚药雄蕊；雌花萼片及花瓣与雄花相似。核果近球形，红色。花期 5 ~ 7 月，果期 7 ~ 9 月。

生于河岸、沟边草丛、山坡、林缘。根入药；秋冬季采挖，洗净，除去粗皮，晒至半干，切段，干燥。具有利水消肿、祛风止痛等功效。用于治疗小便不利、水肿脚气、湿疹疮毒、风湿痹痛。

■ 三白草科 Saururaceae

蕺菜（鱼腥草、臭草）
Houttuynia cordata Thunb.

草本，有鱼腥臭味，高 15 ～ 70cm。茎下部伏地，节上生根。单叶互生，草质，心状卵形，基部心形，两面除脉外无毛，腹面绿色，背面带紫红色；托叶膜质。花序穗状，生于茎端或与叶对生，基部有 4 片花瓣状白色总苞片；花小，两性；无花被；雄蕊 3；雌蕊由 3 心皮合生，花柱分离。蒴果卵圆形，有宿存花柱。花期 6 ～ 8 月，果期 7 ～ 10 月。

生于沟谷、溪边、路旁、田埂及林下阴湿处。全草入药；夏季采收，洗去泥沙，鲜用或晒干。具有清热解毒、排脓消痈、利尿通淋等功效。用于治疗肺痈、肺热咳嗽、小便淋痛、水肿；外用可治疗痈肿疮毒、毒蛇咬伤。

三白草
Saururus chinensis (Lour.) Baill.

　　湿生草本，高约 1m。茎粗壮，有纵棱和沟槽，下部伏地，常带白色，上部直立，绿色。叶纸质，密生腺点，阔卵形至卵状披针形，顶端短尖或渐尖，基部心形或斜心形，两面均无毛，茎顶端的 2～3 片于花期常为白色，呈花瓣状；叶柄基部与托叶合生成鞘状，略抱茎。花序白色，花序轴密被短柔毛；雄蕊 6，花药纵裂。果近球形。花期 4～6 月。

　　生于沟边、溪旁、池塘边或水田等近水处。地上部分入药；全年可采收，洗净，晒干。具有清热解毒、利水消肿等功效。用于治疗水肿、血淋、热淋、脚气、黄疸、带下、痢疾、湿疹、痈肿疮毒。

■ 金粟兰科 Chloranthaceae

宽叶金粟兰（四块瓦、四大天王）
Chloranthus henryi Hemsl.

　　草本，高达 65cm。根茎粗壮，黑褐色。茎单生或丛生。叶常 4 片聚生茎顶，宽椭圆形、卵状椭圆形或倒卵形，先端渐尖，基部宽楔形，具腺齿，背面中脉及侧脉被鳞毛，侧脉 6～8 对；叶柄长 0.5～1.2cm；托叶小，钻形。穗状花序顶生，常二歧或总状分枝；苞片宽卵状三角形或近圆形；花白色；雄蕊 3，药隔长不及 3mm；无花柱。核果球形，具短柄。花期 4～6 月，果期 7～8 月。

　　生于海拔 350～1500m 的山坡林下阴湿地或路边灌丛中。根或全草入药，有小毒；夏秋采收，洗净，晒干。具有祛风除湿、活血散淤、解毒等功效。用于治疗风湿关节痛、月经不调、跌打损伤、风寒咳嗽、痈肿疮毒。

多穗金粟兰（四大天王、四块瓦）
Chloranthus multistachys Pei

草本，高达 60cm。根茎粗壮，有多数细长须根。茎单生。叶常 4 片聚生茎顶，卵状椭圆形或宽卵形，具粗锯齿，背面中脉及侧脉被鳞毛，侧脉 6～8 对；叶柄长达 1.5cm。穗状花序多个，顶生或腋生，不分枝或二叉分枝；苞片宽卵形；花白色；雄蕊 1～3，药隔与药室等长或稍长；子房卵形。核果球形，绿色，具短柄。花期 5～7 月，果期 7～10 月。

生于海拔 300～1500m 的山坡阔叶林下和山谷溪边。根或全草入药，有小毒；夏秋季采收，洗净，晒干。具有活血散淤、解毒消肿等功效。用于治疗跌打损伤、腰腿痛、感冒、带下病、疖肿、皮肤瘙痒。

草珊瑚（九节茶、肿节风、接骨金粟兰）
Sarcandra glabra (Thunb.) Nakai

亚灌木，高达 1.2m。茎枝节膨大。叶革质，卵形、椭圆形或卵状披针形，先端渐尖，基部楔形，具粗锯齿。穗状花序顶生，通常分枝，多少呈圆锥状花序；苞片三角形；花黄绿色；雄蕊 1，肉质棒状；子房球形或卵形。核果球形，红色。花期 6～7 月，果期 8～11 月。

生于海拔 300～1500m 的沟谷、溪边及林下阴湿处。地上部分入药；全年均可采收，鲜用或晒干。具有清热凉血、活血消斑、祛风通络等功效。用于治疗感冒、流行性乙型脑炎、肺热咳嗽、痢疾、肠痈、疮疡肿毒、风湿关节痛、跌打损伤。

■ 马兜铃科 Aristolochiaceae

管花马兜铃
Aristolochia tubiflora Dunn

草质藤本。茎无毛。叶卵状心形，基部深心形，背面粉绿色或浅绿色，基出脉 7 条。花单生或 2 朵聚生于叶腋；花梗纤细；小苞片卵形；花被基部膨大呈球形，向上缢缩成长管，管口扩大呈漏斗状，檐部一侧极短，另一侧延伸成舌片，深紫色；花药卵形，贴生于合蕊柱近基部。蒴果长圆形。花期 4～6 月，果期 8～11 月。

生于海拔 400～1600m 的山坡林下、林缘、沟谷或灌丛中。根入药；冬季采挖，洗净，切段，晒干。具有清热解毒、行气止痛等功效。用于治疗毒蛇咬伤、疮疡肿毒、胃脘疼痛、肠炎痢疾、腹泻、跌打损伤、痛经。

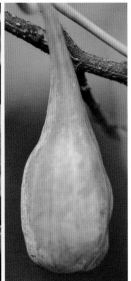

尾花细辛（土细辛、南细辛）

Asarum caudigerum Hance

草本，全株散生长柔毛。根茎粗壮。叶互生，顶端2叶近对生，叶片阔卵形、三角状卵形或卵状心形，基部深心形，叶面深绿色，中脉两侧偶有条形云斑，疏被长柔毛，叶背浅绿色，被较密的毛。花单生叶腋；花梗被柔毛；花被绿色，喉部稍缢缩，外面绿褐色，被柔毛，内壁带紫色；花被裂片先端骤窄或渐尖成线状长尾；雄蕊比花柱长，药隔伸出；子房下位，具6棱，花柱合生，顶端6裂。蒴果近球形，具宿存花被。花期4～5月，果期5～8月。

生于海拔350～1500m的林下、溪边及路旁阴湿处。根或全草入药；全年可采收，洗净，阴干。具有发表散寒、温经止痛、化痰止咳、解毒消肿等功效。用于治疗风寒感冒、头痛、痰饮咳喘、哮喘、脘腹冷痛、风湿痹痛、跌打损伤、口舌生疮、疮疡肿毒、毒蛇咬伤。

福建细辛（马蹄香）

Asarum fukienense C. Y. Cheng et C. S. Yang

多年生草本。叶三角状卵形或长卵形，长4.5～10cm，先端尖或短尖，基部深心形，腹面沿中脉疏被短毛，背面密被褐色柔毛；叶柄长7～17cm，被黄色柔毛，芽苞叶卵形，背面及边缘密被柔毛。花绿紫色；花梗长1～2.5cm，密被褐黄色柔毛，常下弯；花被筒圆筒状，长约1.5cm，径1cm，被黄色柔毛，喉部不缢缩或稍缢缩，无膜环，内壁具纵皱褶，花被片宽卵形，两侧反折，中部至基部具半圆形黄色垫状斑块；药隔锥尖，子房下位，具6棱，花柱离生，顶端不裂，柱头卵形，顶生或近顶生。果卵球形，花被宿存。花期4～11月。

生于海拔300～1000m的林下或山谷阴湿处。带根全草入药；夏秋季采挖，除去泥沙，洗净，放置通风处，阴干。具有发表散寒、通窍止痛、温肺化饮、消肿解毒等功效。用于治疗风寒感冒、痰饮咳喘、鼻渊头痛、风湿痹痛、跌打损伤、牙痛、疮肿、瘰疬。

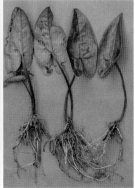

祁阳细辛

Asarum magnificum Tsiang ex C. Y. Cheng et C. S. Yang

草本。根茎极短，根丛生。叶 1 ～ 2 片簇生茎顶，三角状宽卵形或卵状椭圆形，叶面中脉被短毛，两侧有白色云斑。花大，紫色，花被管漏斗状，喉部不缢缩；花被裂片三角状卵形，中部以下紫色，药隔伸出，锥尖；子房下位，花柱6，离生。花期3～5月，果期5～7月。

生于海拔 300 ～ 900m 的山谷林下阴湿处。全草或根入药；春夏季采收，洗净，晒干。具有祛风散寒、止咳祛痰、行气止痛等功效。用于治疗风寒感冒、痰饮咳喘、哮喘、脘腹胀痛、风湿关节痛、牙痛、跌打损伤。

■ 猕猴桃科 Actinidiaceae

软枣猕猴桃

Actinidia arguta (Sieb. et Zucc.) Planch. ex Miq.

落叶藤本。幼枝疏被毛，后脱落，皮孔不明显，髓白色至淡褐色，片层状。叶膜质，宽椭圆形或宽倒卵形，长 8 ～ 12cm，先端急短尖，基部圆形或心形，常偏斜，具锐锯齿，腹面无毛，背面脉腋具白色髯毛，叶脉不明显；叶柄长 2 ～ 8cm。腋生聚伞花序具 3 ～ 6 花，被淡褐色短绒毛，花序梗长 0.7 ～ 1cm；花绿白色或黄绿色，径 1.2 ～ 2cm；花梗长 0.8 ～ 1.4cm；萼片 4 ～ 6，卵圆形或长圆形，长 3.5 ～ 5mm；花瓣 4 ～ 6，楔状倒卵形或瓢状倒卵形，长 7 ～ 9mm；花药暗紫色，长 1.5 ～ 2mm；花柱长 3.5 ～ 4mm。浆果圆球形至柱状长圆形，长 2 ～ 3cm，有喙或喙不显著，无毛，无斑点，不具宿存萼片，成熟时绿黄色或紫红色。

生于海拔 400 ～ 1800m 的山地灌丛、林缘或林下。果实入药；秋季采摘成熟果实，鲜用或晒干。具有滋阴清热、除烦止渴、通淋等功效。用于治疗阴血不足、热病伤津、烦渴、石淋、牙齿出血、肝炎。

长叶猕猴桃

Actinidia hemsleyana Dunn

　　落叶藤本。花枝疏被红褐色长硬毛，老枝无毛，髓心褐色，片层状。叶纸质，长方状椭圆形、长方状披针形或长方状倒披针形，长 8 ～ 22cm，宽 3 ～ 8.5cm，先端短尖或渐尖，基部楔形至圆形，具细齿，疏生突尖细齿或波状齿，无毛，稀被毛；叶柄长 1.5 ～ 5cm，近无毛或疏被长硬毛。伞形花序 1 ～ 3 花，花序梗长 0.5 ～ 1cm，密被黄褐色绒毛；苞片钻形，长 3mm，被短绒毛；花淡红色；花梗长 1.2 ～ 1.9cm；萼片 5，卵形，长 5mm，密被黄褐色绒毛；花瓣 5，无毛，倒卵形，长约 1cm；子房密被黄褐色绒毛。浆果卵状圆柱形，长约 3cm，径约 1.8cm，幼时密被金黄色绒毛，老时渐脱落，具疣点。花期 5 ～ 6 月，果期 10 月。

　　生于海拔 550 ～ 1550m 的山谷、沟边或林下。果实入药；10 月果实成熟时采摘，晒干。具有清热解毒、除湿等功效。

小叶猕猴桃
Actinidia lanceolata Dunn

　　落叶藤本。花枝密被锈褐色绒毛，老枝无毛，髓心褐色，片层状。叶纸质，卵状椭圆形或椭圆状披针形，长 4 ～ 7cm，宽 2 ～ 3cm，先端短尖至渐尖，基部楔形，上部具细齿，背面被灰白色星状毛；叶柄长 1 ～ 2cm，密被锈色绒毛。聚伞花序二次分歧，密被锈色绒毛，花序梗长 3 ～ 6mm，每花序具 5 ～ 7 花；苞片钻形，长

1 ～ 1.5mm；花淡绿色，径约 1cm；花梗长 2 ～ 4mm；萼片 3 ～ 4，卵形或长圆形，长约 3mm，被毛；花瓣 5，条状长圆形或瓢状倒卵形，长 4 ～ 5.5mm；花药长 1 ～ 1.5mm；子房密被绒毛。果绿色，卵形，长 0.8 ～ 1cm，无毛，具淡褐色斑点，宿萼反折。染色体 2n=58。花期 5 月中旬至 6 月中旬，果期 11 月。

　　生于海拔 200 ～ 800m 的疏林、溪谷、沟旁或林缘。根入药；全年可采挖，洗净，鲜用或晒干。具有行血、补精等功效。用于治疗精血不足、筋骨酸痛。

■ 藤黄科 Guttiferae

地耳草（田基黄）
Hypericum japonicum Thunb. ex Murray

草本，高 15～40cm。茎直立或倾斜，细弱，有 4 棱，节明显。单叶对生，抱茎；叶片卵形，全缘，先端钝，叶面有微细的透明点。聚伞花序顶生；花小，黄色；萼片 5，披针形；花瓣 5，长椭圆形，与萼片近等长；雄蕊多数，基部连合成 3 束；花柱 3。蒴果长圆形，外面包围有等长的宿萼。花期 5～6 月，果期 7～9 月。

生于海拔 50～1500m 的田边、沟边、草地及荒地上。

全草入药；春夏季开花时采收全草，除去杂质，晒干或鲜用。具有清热利湿、解毒、散瘀消肿、止痛等功效。用于治疗肝炎、肠痈、目赤、口疮、蛇虫咬伤、烧烫伤。

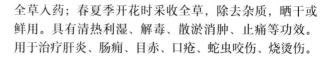

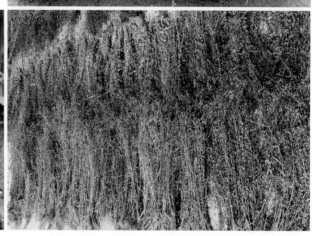

金丝桃
Hypericum monogynum L.

灌木，高 0.5～1.3m。茎有时呈红色。叶对生，有极短的柄；叶片倒披针形或椭圆形至长圆形。伞房状花序具 1～15 花；苞片小，线状披针形；萼片椭圆形，先端锐尖至圆形；花瓣金黄色，三角状倒卵形；雄蕊 5 束；子房近球形，花柱长为子房的 3.5～5 倍，合生几达顶端，柱头小。蒴果近球形。花期 5～8 月，果期 8～9 月。

生于海拔 300～1000m 的石灰岩山地灌丛、山坡、林缘。全株入药；全年可采收，洗净，晒干。具有清热解毒、散瘀止痛、祛风湿等功效。用于治疗风湿腰痛、肝炎、疖肿、毒蛇咬伤。

元宝草

Hypericum sampsonii Hance

　　多年生草本。叶披针形、长圆形或倒披针形，长 2～7cm，宽1～3.5cm，先端钝，基部合生，边缘密生黑色腺点，侧脉4对。伞房状花序顶生，多花组成圆柱状圆锥花序；花径0.6～1.5cm，基部杯状；花梗长2～3mm；萼片长圆形、长圆状匙形或长圆状线形，先端圆，边缘疏生黑色腺点；花瓣淡黄色，椭圆状长圆形，宿存，边缘具黑色腺体；雄蕊3束，每束具雄蕊10～14，宿存；花柱3，基部分离。蒴果宽卵球形或卵球状圆锥形，长6～9mm，被黄褐色囊状腺体。花期5～6月，果期7～8月。

　　生于山坡、灌丛、田边或沟边。全草入药；夏秋季采收，洗净，晒干或鲜用。具有凉血止血、清热解毒、活血调经、祛风通络等功效。用于治疗月经不调、跌打损伤、风湿腰痛、吐血、咯血、痈肿、毒蛇咬伤。

密腺小连翘

Hypericum seniawinii Maxim.

多年生草本，高 30 ～ 60cm，全体无毛。茎直立，圆柱形，帚状多分枝。叶近无柄；叶片长圆状披针形至长圆形，长 2 ～ 5cm，宽 0.6 ～ 1.3cm，先端钝形，基部浅心形略抱茎，全缘，厚纸质，腹面绿色，背面淡绿色，边缘有时疏生黑色腺点，散布多数透明腺点，侧脉每边约 3 条。三歧状聚伞花序；苞片及小苞片卵状至线状披针形，边缘具黑色腺点；花直径约 9mm，平展；花梗长 1 ～ 2mm；萼片长圆状披针形，先端锐尖，边缘有成行列的黑色腺点，全面具透明腺条；花瓣狭长圆形，上部及边缘疏生黑色腺点；雄蕊 3 束，每束有雄蕊 8 ～ 10，花丝略短于花瓣，花药有黑色腺点；子房狭卵形，长约 1.5mm，花柱 3，分离，自基部叉开。蒴果卵形，成熟时褐色，外密布腺条纹。种子圆柱形，表面有细蜂窝纹。花期 7 ～ 8 月，果期 9 月。

生于海拔 800 ～ 1500m 的山坡草地、林缘或疏林中。全草入药；7 ～ 10 月采收，洗净，晒干。具有调经活血、解毒消肿、镇痛等功效。

■ 茅膏菜科 Droseraceae

圆叶茅膏菜

Drosera rotundifolia L.

多年生草本。茎短小。叶基生，莲座状排列，圆形或扁圆形，长 3 ～ 9mm，边缘具长头状黏腺毛，腹面腺毛较短，背面常无毛；叶柄长 1 ～ 6cm；托叶膜质，长约 6mm。聚伞花序花葶状，1 ～ 2 条，常有分叉，长 8.5 ～ 21cm，具 3 ～ 8 花；苞片小，不裂，线形或钻形；花梗长 1 ～ 3mm；花萼 5 裂，下部合生；花瓣 5，白色，匙形，长 5 ～ 6mm；雄蕊 5；子房椭圆形，花柱 3 ～ 4。蒴果瓣裂为 3 ～ 4 小瓣。种子多数，椭圆形，外种皮囊状、疏松，向两端延伸。花果期 5 ～ 10 月。

生于海拔 300 ～ 1400m 的山地潮湿草丛中。全草入药；5 ～ 6 月采收，洗净泥土，鲜用或晒干。具有祛痰、镇咳、平喘、止痢等功效。用于治疗咳嗽、哮喘、百日咳、痢疾。

■ 罂粟科 Papaveraceae

夏天无（伏生紫堇、老鼠屎）

Corydalis decumbens (Thunb.) Pers.

多年生草本，高 16～30cm。块茎近球形，灰黄色、暗绿色或黑褐色；茎细弱，2～3 枝丛生。基生叶常 1 片，具长柄，叶片轮廓三角形，二回三出全裂，末回裂片无柄，狭倒卵形，全缘，叶背面有白粉；茎生叶 3～4，互生或对生。总状花序顶生，疏列数花；花冠淡紫红色，外轮瓣片近圆形，距圆筒形；柱头具 4 乳突。蒴果细长椭圆形，略呈念珠状。花期 4～5 月，果期 5～6 月。

生于平原、路旁、田边或草丛中。块茎入药；4 月上旬至 5 月初待茎叶变黄时挖掘块茎，除去须根，洗净，鲜用或晒干。具有祛风除湿、舒筋活血、通络止痛等功效。用于治疗中风偏瘫、小儿麻痹后遗症、跌打损伤、腰肌劳损、腰腿痛、高血压、视力模糊。

血水草（水黄连）

Eomecon chionantha Hance

草本，高 30 ~ 65cm，全株折断有红黄色汁液。根及根茎黄色，横走。叶基生，叶柄细长；叶片卵圆状心形或圆心形，先端急尖，基部深心形，腹面绿色，背面灰绿色，有白粉，边缘具波状齿或全缘，叶脉 5 ~ 7 条，掌状。花茎高 20 ~ 40cm，聚伞状花序顶生，有花 3 ~ 5 朵；小花梗较细长；苞片窄卵形；花萼 2，盔状，早落；花瓣 4，白色；雄蕊多数；子房卵形或窄卵形，花柱明显，顶端 2 浅裂。蒴果长椭圆形。花期 4 ~ 5 月，果期 5 ~ 7 月。

生于海拔 150 ~ 1500m 的山谷、溪边、林下阴湿处。根茎入药，夏秋季采挖，洗净，晒干或鲜用。具有清热解毒、活血、散淤止痛、止血等功效。用于治疗目赤、劳伤、胃痛、疮毒痈肿、跌打损伤、毒蛇咬伤、疥癣、湿疹。

博落回（号筒杆）

Macleaya cordata (Willd.) R. Br.

亚灌木状草本，基部木质化，高达 3m。茎上部多分枝。叶宽卵形或近圆形，长 5 ~ 27cm，先端尖、钝或圆，7 深裂或浅裂，裂片半圆形、三角形或方形，边缘波状或有粗齿，腹面无毛，背面被白粉及易脱落细绒毛，侧脉 2(3) 对，细脉常淡红色；叶柄长 1 ~ 12cm，具浅槽。圆锥花序长 15 ~ 40cm；花梗长 2 ~ 7mm；苞片窄披针形；花芽棒状，长约 1cm；萼片倒卵状长圆形，长约 1cm，舟状，黄白色；雄蕊 24 ~ 30，花药与花丝近等长。果实窄倒卵形或倒披针形，长 1.3 ~ 3cm，无毛。种子 4 ~ 6(~ 8) 粒，生于腹缝两侧，卵球形，长 1.5 ~ 2mm，具蜂窝状孔穴，种阜窄。花果期 6 ~ 11 月。

生于海拔 150 ~ 1300m 的低山林、灌丛、草丛、村边或路旁。根或全草入药，有大毒；秋冬季采收，洗净，晒干或鲜用。具有散淤、祛风、解毒、止痛、杀虫等功效。外用可治疗疔毒脓肿、蛇虫咬伤、跌打肿痛、顽癣。

■ 景天科 Crassulaceae

东南景天
Sedum alfredii Hance

多年生草本。茎斜向上，单生或上部分枝，高达20cm。小枝弧曲。叶互生，稀3叶轮生，下部叶常脱落，上部叶常聚生，线状楔形、匙形或匙状倒卵形，长1.2～3cm，先端钝，有时有微缺，基部窄楔形，有距，全缘。聚伞花序直径5～8cm，多花；苞片叶状；花无梗，直径1cm；萼片5，线状匙形，长3～5mm，基部有距；花瓣5，黄色，披针形或披针状长圆形，长4～6mm，有短尖，基部稍合生；雄蕊10，对瓣的长2.5mm，在基部以上1～1.5mm着生，对萼的长4mm；鳞片5，匙状正方形，长1.2mm；心皮5，卵状披针形，直立，基部合生，长3mm，花柱长1mm。蓇葖果斜叉开。

生于海拔300～2000m的山谷阴湿处或林下岩石上。全草入药；全年可采收，鲜用或用沸水焯过晒干。具有清热凉血、消肿解毒等功效。用于治疗热毒痈肿、口疮、吐血、衄血、烫伤、毒蛇咬伤。

大叶火焰草
Sedum drymarioides Hance

一年生草本，全株有腺毛。茎斜向上，分枝多，细软，高达25cm。下部叶对生或4叶轮生，上部叶互生，卵形或宽卵形，长2～4cm，基部宽楔形或下延成柄，长1～2cm。花序疏圆锥状；花少数，两性；花梗长4～8mm；萼片5，长圆形或披针形，长2mm；花瓣5，白色，长圆形，长3～4mm，先端渐尖；雄蕊10，长2～3mm；鳞片5，宽匙形，先端微缺或浅裂；心皮5，长2.5～5mm，稍叉开。种子长圆状卵形，有纵纹。花期4～6月，果期8月。

生于山地阴湿的岩石上或石缝中。全草入药；夏季采收，洗净，鲜用或用沸水焯过晒干。具有凉血止血、清热解毒等功效。用于治疗吐血、咯血、衄血、外伤出血、肺热咳嗽。

凹叶景天（山马齿苋、石板菜）
Sedum emarginatum Migo

　　多年生草本。茎细弱，高 10～17cm。叶对生，匙状倒卵形至宽卵形，顶端圆，有凹陷。聚伞状花序顶生，有多花，通常有 3 个分枝；花黄色，无柄；萼片 5，披针形，先端钝；花瓣 5，黄色，线状披针形；雄蕊 10，花药紫色；心皮 5，长圆形，基部连合。蓇葖果稍叉开。花期 4～5 月，果期 6～7 月。

　　生于沟谷、路旁、阴湿的土坡岩石上或溪谷林下。全草入药；夏秋季采收，洗净，鲜用或置沸水中稍烫晒干。具有清热解毒、凉血止血、利湿等功效。用于治疗痢疾、疮毒、瘰疬、肝炎、跌打损伤、吐血、衄血、崩漏、带下病。

佛甲草
Sedum lineare Thunb.

多年生草本。茎高 10 ～ 20cm。3 叶轮生，叶线形。聚伞状花序顶生，花稀疏，小花无梗；萼片 5，线状披针形，不等长，无距或有短距，先端钝；花瓣 5，黄色，披针形；雄蕊 10，较花瓣短。蓇葖果略叉开。花期 4 ～ 5 月，果期 6 ～ 7 月。

生于低山阴湿处、山坡路旁或山谷岩石缝中。全草入药；夏秋季采收，洗净，放入开水中烫一下，捞起，晒干或炕干。具有清热解毒、利湿、止血、止痛、退黄等功效。用于治疗咽喉痛、肝炎、痈肿疮毒、毒蛇咬伤、缠腰火丹、烧烫伤。临床用于治疗扁平疣。

大落新妇（华南落新妇）
Astilbe grandis Stapf ex Wils.

多年生草本，高达 1.2m。茎被褐色长柔毛和腺毛。二或三回三出复叶或羽状复叶；叶轴长 3.5 ~ 32.5cm，与小叶柄均多少被腺毛，叶腋具长柔毛；小叶卵形、窄卵形或长圆形，顶生小叶菱状椭圆形，长 1.3 ~ 9.8cm，先端尾尖，具重锯齿，基部心形、偏斜圆形或楔形，腹面被糙伏腺毛，背面沿脉被腺毛，有时兼有长柔毛；小叶柄长 0.2 ~ 2.2cm。圆锥花序顶生，长 16 ~ 40cm；花序轴与花梗均被腺毛；小苞片窄卵形；萼片 5，卵形、宽卵形或椭圆形，长 1 ~ 2mm，先端钝或微凹，具腺毛，两面无毛，边缘膜质；花瓣 5，白色或紫色，线形，长 2 ~ 4.5mm，单脉；雄蕊 10。花果期 6 ~ 9 月。

生于海拔 400 ~ 1200m 的山谷、溪边、林缘或林下阴湿处。根茎入药；夏秋季采挖，除去杂质，洗净，晒干或鲜用。具有活血止痛、祛风除湿、强筋健骨、镇咳等功效。适用于治疗风湿痹痛、跌打损伤、毒蛇咬伤、头痛、咳嗽、胃痛。

■ 虎耳草科 Saxifragaceae

草绣球（人心药）
Cardiandra moellendorffii (Hance) Migo

亚灌木，高 30 ~ 80cm。茎基部木质化，不分枝，幼嫩茎疏生短柔毛。叶互生，叶片纸质，长圆形，先端渐尖，基部楔形，下延成短柄，上部叶近无柄。伞房状圆锥花序顶生，分枝疏散，有短柔毛；花二型，辐射花萼片 2，白色稍带红色，宽卵形；两性花白色或浅紫红色，萼片 4 ~ 5，倒卵形；雄蕊约 25，药隔扩大成三角形；子房下位，花柱 3。蒴果卵球形。花期 5 ~ 6 月，果期 9 ~ 10 月。

生于海拔 800 ~ 1800m 的林下或沟谷阴湿处。根茎入药；夏秋季采挖，洗净，切片鲜用。具有活血祛瘀的功效。用于治疗跌打损伤、痔疮出血。

大叶金腰

Chrysosplenium macrophyllum Oliv.

多年生草本，高 17 ～ 21cm。不育枝长。叶互生，具柄，叶片阔卵形至近圆形，边缘具圆齿，叶柄具褐色柔毛；基生叶数片，具柄，叶片革质，倒卵形，先端钝圆，基部楔形，腹面疏生褐色柔毛；茎生叶通常 1 片，叶片狭椭圆形，边缘通常具 13 圆齿。多歧聚伞花序；花序分枝疏生褐色柔毛；苞叶卵形至阔卵形；萼片近卵形至阔卵形；雄蕊高出萼片；子房半下位。蒴果先端近平截而微凹，2 果瓣近等大。花果期 4 ～ 6 月。

生于海拔 350 ～ 1600m 的山谷、沟边或林下阴湿处。全草入药；夏季采收，洗净，鲜用或晒干。具有清热解毒、平肝、止咳、止带、收敛生肌等功效。用于治疗小儿惊风、肝炎、烧烫伤。

白耳菜（诗人草）

Parnassia foliosa Hook. f. et Thoms.

多年生草本，高 15 ～ 30cm。基生叶 3 ～ 6，丛生，肾形，长 1.5 ～ 4（～ 5）cm，宽 2.4 ～ 6（～ 7）cm，先端圆，常有钝头，基部心形，全缘，叶脉突起呈弧形；叶柄长 5 ～ 8cm，边缘有褐色流苏状毛；托叶膜质。茎 1 ～ 4，具 4 ～ 8 叶，茎生叶肾形，稀卵状心形，脉弧形突起。花单生茎顶，径 2 ～ 3cm；萼片卵形或长圆形，老时常有小褐点，花后反折；花瓣白色，卵形或三角状卵形，长约 8mm，基部楔形，爪长约 1mm，中上部边缘被长流苏状毛，有紫色小斑点；退化雄蕊 3，分枝状，上部 2/3 呈 3 条分枝，每枝顶端具球形腺体；子房有紫色小点，柱头 3 裂，花后反折。蒴果扁球形。花期 8 ～ 9 月，果期 9 月开始。

生于山地沟谷、溪边、林下阴湿处。全草入药；夏秋季采收，洗净，鲜切或晒干。具有润肺止咳、凉血解毒等功效。用于治疗咯血、便血、痢疾、带下、疔疮。

梅花草
Parnassia palustris L.

多年生草本，高 12～20(～30)cm。基生叶 3 至多数，卵形或长卵形，稀三角状卵形，长 1.5～3cm，先端圆钝或渐尖，常带短尖头，基部近心形，全缘，薄而微外卷，常被紫色长圆形斑点；叶柄长 3～6(～8)cm；托叶膜质。茎 2～4，近中部具 1 叶（苞叶），茎生叶与基生叶同形，基部常有铁锈色附属物，无柄，半抱茎。花单生茎顶，径 2.2～3(～3.5)cm；萼片椭圆形或长圆形，密被紫褐色小斑点；花瓣白色，宽卵形或倒卵形，长 1～1.5(～1.8)cm，全缘，常有紫色斑点；雄蕊 5，花丝扁平，长短不等；退化雄蕊 5，长达 1cm，呈分枝状，分枝长短不等，中间长，两侧短，具(7～)9～11(～13)分枝；子房上位，花柱极短，柱头 4 裂。蒴果卵圆形，干后有紫褐色斑点，4 瓣裂。花期 7～9 月，果期 10 月。

生于海拔 2000m 左右的山顶草甸阴湿处。全草入药；夏季开花时采收，洗净，晾干。具有清热凉血、消肿解毒、止咳化痰等功效。用于治疗黄疸、痢疾、咽喉肿痛、咳嗽痰多、疮疡肿毒。

虎耳草（猫耳草）
Saxifraga stolonifera Curt.

多年生草本，高 8～45cm。匍匐枝细长，紫红色，密被卷曲长腺毛。基生叶具长柄，叶片肉质，近心形，背面通常红紫色，被腺毛，有斑点。聚伞花序圆锥状，花序分枝多，每分枝具 2～5 花；花两侧对称；萼片在花期开展至反曲，卵形；花瓣白色，中上部具紫红色斑点；雄蕊 10，花药紫红色；心皮 2，下部合生，子房卵球形，花柱 2，叉开。花果期 4～11 月。

生于海拔 150～1500m 的沟边、溪谷或林下阴湿岩石旁。全草入药；全年可采收，洗净，晒干。具有疏风、清热凉血、消肿解毒等功效。用于治疗中耳炎、小儿惊风、肺痈咳嗽、咯血、风火牙痛、瘰疬、冻疮、湿疹、皮肤瘙痒、痈肿疔毒、蜂蝎螫伤。临床主要用来治疗中耳炎。

黄水枝

Tiarella polyphylla D. Don

多年生草本，高 20 ～ 60cm。茎不分枝，密被腺毛。基生叶具长柄，叶片心形，掌状 3 ～ 5 浅裂，边缘具不规则浅齿，两面密被腺毛，托叶膜质，褐色；茎生叶与基生叶同型，叶柄较短。总状花序密被腺毛；萼片 5，卵形；花瓣无；雄蕊 10，伸出花萼；心皮 2，不等大，花柱 2。蒴果 2 瓣裂。花果期 4 ～ 11 月。

生于海拔 600m 以上的山地林下、沟谷、溪旁及阴湿岩石上。全草入药；4 ～ 10 月采收，洗净，晒干。具有清热解毒、活血祛瘀、消肿止痛等功效。用于治疗肝炎、耳聋、咳嗽气喘、痈肿疮毒、跌打损伤。

■ 蔷薇科 Rosaceae

野山楂

Crataegus cuneata Sieb. et Zucc.

落叶灌木，多分枝。冬芽三角状卵形，紫褐色。叶片宽倒卵形至倒卵状长圆形，基部楔形，下延连于叶柄，边缘有不规则重锯齿，顶端常有 3 或稀 5 ～ 7 浅裂片，背面具稀疏柔毛，沿叶脉较密；托叶大，镰刀状，边缘有齿。伞房花序具花 5 ～ 7 朵，总花梗和花梗均被柔毛；萼筒钟状，外被长柔毛，萼片三角状卵形，与萼筒等长；花瓣近圆形或倒卵形，白色；雄蕊 20，花药红色；花柱 4 ～ 5，基部被绒毛。果实近球形，红色。花期 5 ～ 6 月，果期 9 ～ 11 月。

生于海拔 50 - 1200m 的山坡灌丛或林缘。果实入药；秋季果实变红时采收，横切成两半或切片后晒干。具有健脾消食、活血化瘀等功效。用于治疗肉食积滞、脘腹痞满、血瘀、产后腹痛、恶露不净。

棣棠花

Kerria japonica (L.) DC.

落叶灌木，高 1 ~ 2m。小枝绿色，常披散状。叶互生，三角状卵形，先端长渐尖，基部圆形，边缘有尖锐重锯齿，脉腋有簇毛；托叶膜质，带状披针形。花黄色，单生于侧枝顶端；萼片卵状长圆形；花瓣宽椭圆形，先端凹；雄蕊多数。瘦果倒卵形或半球形。花期 4 ~ 6 月，果期 6 ~ 8 月。

生于海拔 400 ~ 1100m 的山坡、林缘、溪旁、沟谷或灌丛中。花入药；春夏季采收，干燥。具有止咳化痰、健脾、清热解毒等功效。用于治疗肺热咳嗽、消化不良、湿疹。

蛇含委陵菜

Potentilla kleiniana Wight et Arn.

匍匐草本。花茎上升或匍匐，长达 50cm，被疏柔毛及长柔毛。基生叶为近鸟足状 5 小叶，连叶柄长 3 ～ 20cm，叶柄被疏柔毛或长柔毛，小叶倒卵形或长圆状倒卵形，长 0.5 ～ 4cm，有锯齿，两面绿色，被疏柔毛，有时腹面几无毛，或背面沿脉密被伏生长柔毛；下部茎生叶有 5 小叶，上部茎生叶有 3 小叶，小叶与基生小叶相似；基生叶托叶膜质，淡褐色，外被疏柔毛或脱落近无毛；茎生叶托叶草质，绿色，卵形或卵状披针形，全缘，稀有 1 ～ 2 齿，外被稀疏长柔毛。聚伞花序密集枝顶如假伞形；花梗长 1 ～ 1.5cm，密被长柔毛，下有茎生叶如苞片状；花径 0.8 ～ 1cm；萼片三角状卵圆形，副萼片披针形或椭圆状披针形，外被稀疏长柔毛；花瓣黄色，倒卵形，长于萼片；花柱近顶生，圆锥形，基部膨大，柱头扩大。瘦果近圆形，径约 0.5mm，具皱纹。花果期 4 ～ 9 月。

生于海拔 200 ～ 1400m 的田边、路旁及沟边湿地。全草入药；夏秋季挖取，抖净泥沙，洗净，晒干。具有清热解毒、止咳化痰、消肿止痛、截疟等功效。用于治疗外感咳嗽、百日咳、咽喉肿痛、小儿高热惊风、疟疾、角膜溃疡、痢疾、腮腺炎、乳腺炎、毒蛇咬伤、带状疱疹、疔疮、痔疮、外伤出血。

石斑木

Rhaphiolepis indica (L.) Lindl.

常绿灌木，高 1 ～ 6m。幼枝被褐色绒毛，后脱落。叶革质，卵形或长圆形或卵状披针形，先端短渐尖、急尖或圆钝，基部渐狭下延，具细锯齿，两面无毛或背面被稀疏绒毛，网脉下陷。顶生圆锥花序或总状花序，被锈色绒毛；花萼筒略被毛；萼片三角状披针形或线形，内外被褐色绒毛或无毛；花瓣白色或淡红色，倒卵形或披针形，基部具柔毛；雄蕊 15；花柱 2 ～ 3，基部合生。果球形，紫黑色。花期 3 ～ 4 月，果期 7 ～ 8 月。

生于海拔 60 ～ 1500m 的山坡疏林、林缘或灌丛中。根入药；全年可采挖，洗净，切片，晒干。具有活血消肿、凉血解毒等功效。用于治疗溃疡红肿、跌打损伤、关节炎、骨髓炎、冻伤。

硕苞蔷薇
Rosa bracteata Wendl.

铺散状常绿灌木，高达 5m，有长匍匐枝。小枝密被黄褐色柔毛，混生针刺和腺毛；皮刺扁而弯，常成对着生于托叶下方。小叶 5 ～ 9，连叶柄长 4 ～ 9cm；小叶革质，椭圆形或倒卵形，长 1 ～ 2.5cm，先端平截、圆钝或稍急尖，基部宽楔形或近圆，有紧贴圆钝锯齿，腹面无毛，背面色较淡，沿脉有柔毛或无毛；小叶柄和叶轴有稀疏柔毛、腺毛及小皮刺；托叶大部离生而呈篦齿状深裂，密被柔毛，边缘有腺毛。花单生或 2 ～ 3 朵集生，径 4.5 ～ 7cm；花梗长不及 1cm，密被长柔毛和稀疏腺毛；有数枚宽卵形苞片，边缘有不规则缺刻状锯齿，外面密被柔毛，内面近无毛；萼片宽卵形，先端尾尖，与萼筒外面均密被黄褐色柔毛和腺毛，内面有稀疏柔毛，花后反折；花瓣白色，倒卵形，先端微凹；心皮多数，花柱离生，密被柔毛，比雄蕊短。蔷薇果球形，密被黄褐色柔毛，果柄短，密被柔毛。花期 5 ～ 7 月，果期 8 ～ 11 月。

生于海拔 100 ～ 270m 的沟谷、河边或路边灌丛中。根、花或果实入药；全年可挖根，洗净，鲜用或晒干；5 ～ 7 月采收花，晾干；秋季采摘成熟果实，晒干或鲜用。根具有益气健脾、益肾补肾、敛肺涩肠、止汗、活血调经、祛风湿、散结解毒等功效；用于治疗腰膝酸软、水肿、脚气、咳嗽气短、胃脘痛、胃溃疡、疝气、月经不调、闭经、白带、子宫脱垂、肠痈、瘰疬、烫伤、盗汗、久泻、脱肛、遗精、睾丸炎、风湿痹痛。花具有润肺止咳功效；用于治疗肺痨咳嗽。果实具有补脾益肾、涩肠止泻、祛风湿、活血调经等功效；用于治疗腹泻、痢疾、月经不调、风湿痹痛。

软条七蔷薇
Rosa henryi Bouleng.

落叶木质藤本，长达 6m。小枝有钩状皮刺。小叶常 5，近花序小叶片常为 3，小叶片长圆形或椭圆状卵形，边缘有锐锯齿，两面均无毛；托叶大部贴生于叶柄，离生部分披针形。伞房状花序，有花 5 ～ 15 朵；萼片披针形；花瓣白色，宽倒卵形，先端微凹；花柱结合成柱状，被柔毛，比雄蕊稍长。果实近球形，成熟后褐红色，有光泽。花期 6 ～ 7 月，果期 8 ～ 10 月。

生于海拔 500 ～ 1800m 的山谷、林缘或灌丛中。根入药；全年均可采挖，洗净，切片晒干。具有消肿止痛、祛风除湿、止血解毒、补脾固涩等功效。用于治疗月经过多、带下病、阴挺、遗尿、老年尿频、慢性腹泻、跌打损伤、风湿痹痛、口腔破溃、疮疖肿痛、咳嗽痰喘。

金樱子（糖罐子）
Rosa laevigata Michx.

常绿攀缘灌木，高达 5m。小枝粗壮，疏生钩刺。小叶革质，通常 3，稀 5，连叶柄长 5～10cm，小叶椭圆状卵形、倒卵形或披针状卵形，长 2～6cm，先端急尖或圆钝，稀尾尖，有锐锯齿，腹面无毛，背面黄绿色，幼时沿中肋有腺毛，老时渐脱落无毛；小叶柄和叶轴有皮刺及腺毛；托叶离生或基部与叶柄合生，披针形，边缘有细齿，齿尖有腺体，早落。花单生叶腋，径 5～7cm；花梗长 1.8～2.5（～3）cm，花梗和萼筒密被腺毛；萼片卵状披针形，先端叶状，边缘羽状浅裂或全缘，常有刺毛和腺毛，内面密被柔毛，比花瓣稍短；花瓣白色，宽倒卵形，先端微凹；心皮多数，花柱离生，有毛，比雄蕊短。蔷薇果梨形或倒卵圆形，稀近球形，熟后紫褐色，密被刺毛，果柄长约 3cm，萼片宿存。花期 4～6 月，果期 7～11 月。

生于海拔 50～1600m 的向阳山坡、沟边、灌丛中。果实入药；10～11 月果实成熟变红时采摘，干燥，除去毛刺。具有固精缩尿、固崩止带、涩肠止泻等功效。用于治疗遗精滑精、遗尿尿频、崩漏带下、久泻久痢。

粉团蔷薇（红刺玫）

Rosa multiflora Thunb. var. *cathayensis* Rehd. et Wils.

藤状灌木，高 1 ~ 3m。枝条无毛，有钩状皮刺。小叶 5 ~ 7，倒卵形或卵形，先端渐尖，基部宽楔形，边缘有细锐锯齿，背面疏生柔毛；托叶篦齿状，大部贴生于叶柄。圆锥状花序；萼片披针形；花瓣白色，宽倒卵形，先端微凹；花柱结合成束。果实近球形，红褐色或紫褐色，有光泽。花期 5 ~ 6 月，果期 9 ~ 10 月。

生于海拔 1000m 以下的山坡、林下、沟边或灌丛中。花入药；春、夏花将开放时采收，晒干。具有清暑化湿、顺气和胃等功效。用于治疗暑热胸闷、口渴、呕吐、不思饮食、口疮口糜。

掌叶复盆子（牛奶母）

Rubus chingii Hu

灌木，高 1.5 ~ 3m。小枝细，具皮刺。单叶，掌状 5 深裂，边缘具重锯齿，有掌状 5 脉；托叶线状披针形。单花腋生；萼片卵形或卵状长圆形；花瓣椭圆形或卵状长圆形，白色，顶端圆钝；雄蕊多数；雌蕊多数，具柔毛。果实近球形，红色，密被灰白色柔毛。花期 3 ~ 4 月，果期 5 ~ 6 月。

生于海拔 500m 以上的山坡、林缘或路边灌丛中。果实入药；5 ~ 6 月果实已饱满，绿色未成熟时采收，将摘下的果实拣净梗、叶，用沸水烫 1 ~ 2min，取出置烈日下晒干。具有补肝益肾、固精缩尿、明目等功效。用于治疗肾虚遗尿、小便频数、阳痿早泄、遗精滑精。

山莓

Rubus corchorifolius L. f.

直立灌木，高 1～3m。枝具皮刺，幼时被柔毛。单叶，卵形或卵状披针形，长 5～12cm，基部微心形，有时近平截或近圆，腹面沿叶脉有柔毛，背面幼时密被柔毛，渐脱落，老时近无毛，沿中脉疏生小皮刺，不裂或 3 裂，不孕枝叶 3 裂，有不规则锐锯齿或重锯齿，基部具 3 脉；叶柄长 1～2cm，疏生小皮刺，幼时密生柔毛；托叶线状披针形，具柔毛。花单生或少数簇生；花梗长 0.6～2cm，具柔毛；花径 1.5～2（3）cm；花萼密被柔毛，无刺，萼片卵形或三角状卵形；花瓣长圆形或椭圆形，白色，长于萼片；雄蕊多数，花丝宽扁；雌蕊多数，子房有柔毛。果近球形或卵圆形，径 1～1.2cm，成熟时红色，密被柔毛；核具皱纹。花期 2～3 月，果期 4～6 月。

生于海拔 50～1400m 的向阳山坡、荒地、林缘、溪边或路边灌丛中。果实入药；夏季果实饱满、外表呈绿色时采摘，用酒蒸后晒干或用开水浸 1～2min 后晒干。具有醒酒止渴、化痰解毒、收涩等功效。用于治疗醉酒、痛风、丹毒、烫伤、遗精、遗尿。

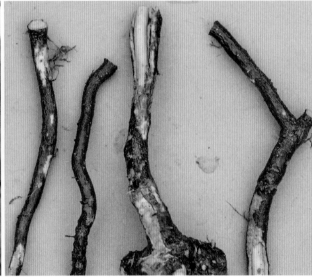

蓬蘽

Rubus hirsutus Thunb.

灌木，高 1～2m。枝被柔毛和腺毛，疏生皮刺。小叶 3～5，卵形或宽卵形，长 3～7cm，先端急尖或渐尖，基部宽楔形或圆形，两面疏生柔毛，具不整齐尖锐重锯齿；叶柄长 2～3cm，顶生小叶柄长约 1cm，均具柔毛和腺毛，并疏生皮刺；托叶披针形或卵状披针形，两面具柔毛。花常单生，顶生或腋生；花梗长（2）3～6cm，具柔毛和腺毛，或有极少小皮刺；苞片具柔毛；花径 3～4cm；花萼密被柔毛和腺毛，萼片卵状披针形或三角状披针形，长尾尖，边缘被灰白色绒毛，花后反折；花瓣倒卵形或近圆形，白色；花丝较宽；花柱和子房均无毛。果近球形，径 1～2cm，无毛。花期 4 月，果期 5～6 月。

生于海拔 60～1000m 的山坡、溪边、路旁、林缘或灌丛中。根入药；夏秋季采挖，洗净，鲜用或晒干。具有清热解毒、消肿止痛、止血等功效。用于治疗流行性感冒、小儿高热惊厥、咽喉肿痛、牙痛、头痛、风湿痹痛、瘰疬、疖肿。

白叶莓

Rubus innominatus S. Moore

灌木，高 1 ~ 3m。小枝密被柔毛，疏生钩状皮刺。小叶 3（5），长 4 ~ 10cm，先端急尖或短渐尖，顶生小叶斜卵状披针形或斜椭圆形，基部楔形或圆形，腹面疏生平贴柔毛或几无毛，背面密被灰白色绒毛，沿叶脉混生柔毛，有不整齐粗锯齿或缺刻状粗重锯齿；叶柄长 2 ~ 4cm，与叶轴均密被柔毛；托叶线形，被柔毛。总状或圆锥状花序，腋生花序常为短总状，花序梗和花梗密被黄灰色或灰色绒毛状长柔毛及腺毛；苞片线状披针形，被柔毛；花径 0.6 ~ 1cm；花萼密被黄灰色或灰色长柔毛和腺毛；萼片卵形，花果期均直立；花瓣倒卵形或近圆形，紫红色，边啮蚀状；雄蕊稍短于花瓣；花柱无毛。果近球形，成熟时橘红色。花期 5 ~ 6 月，果期 7 ~ 8 月。

生于海拔 400 ~ 1500m 的山坡疏林、灌丛或山谷溪边。根入药；秋冬季采挖，洗净，鲜用或切片晒干。具有祛风散寒、止咳平喘等功效。用于治疗小儿风寒咳喘。

盾叶莓（大叶覆盆子）

Rubus peltatus Maxim.

直立或攀缘灌木，高 1 ~ 2m。枝无毛，疏生皮刺，小枝常有白粉。叶盾状，卵状圆形，长 7 ~ 17cm，基部心形，两面均有贴生柔毛，背面毛较密，沿中脉有小皮刺，3 ~ 5 掌状分裂，裂片三角状卵形，先端尖或短渐尖，有不整齐细锯齿；叶柄长 4 ~ 8cm，无毛，有小皮刺；托叶膜质，卵状披针形，长 1 ~ 1.5cm，无毛。单花顶生，径约 5cm 或更大；花梗长 2.5 ~ 4.5cm，无毛；苞片与托叶相似；萼筒常无毛，萼片卵状披针形，两面均有柔毛，边缘常有齿；花瓣近圆形，径 1.8 ~ 2.5cm，白色；雄蕊多数，花丝钻形或线形；雌蕊数可达 100，被柔毛。果圆柱形或圆筒形，长 3 ~ 4.5cm，成熟时橘红色，密被柔毛；核具皱纹。花期 4 ~ 5 月，果期 6 ~ 7 月。

生于海拔 1000 ~ 1830m 的山坡、沟谷、林下、林缘。果实入药；夏秋季采摘成熟果实，直接晒干或用沸水浸一下再晒至全干。具有强腰健肾、祛风止痛等功效。用于治疗四肢关节疼痛、腰脊酸痛。

■ 豆科 Leguminosae ////////////////////////

合欢

Albizia julibrissin Durazz.

　　落叶乔木，树冠开展，嫩枝、花序和叶轴被绒毛或短柔毛。托叶线状披针形，早落；二回羽状复叶，总叶柄近基部及先端一对羽片着生处各有 1 枚腺体；羽片 4 ～ 12 对；小叶 10 ～ 30 对，线形至长圆形，向上偏斜，先端有小尖头，有缘毛，中脉紧靠上边缘。头状花序于枝顶排成圆锥花序；花粉红色；花萼管状；花冠裂片三角形，花萼、花冠外均被短柔毛；花丝长 2.5cm。荚果带状。花期 6 ～ 7 月，果期 8 ～ 10 月。

　　生于山坡、溪边、疏林中或林缘。树皮入药；夏秋季剥取树皮，晒干。具有解郁安神、活血消肿等功效。用于治疗心神不安、忧郁失眠、肺痈、疮肿、跌扑伤痛。

山槐（山合欢）

Albizia kalkora (Roxb.) Prain

落叶小乔木或灌木，高 3 ～ 8m。枝条暗褐色，被短柔毛，皮孔显著。二回羽状复叶；羽片 2 ～ 4 对；腺体密被黄褐色或灰白色短茸毛；小叶 5 ～ 14 对，长圆形或长圆状卵形，长 1.8 ～ 4.5cm，先端圆钝，有细尖头，基部不对称，两面均被短柔毛，中脉稍偏于上缘。头状花序 2 ～ 7 生于叶腋或于枝顶排成圆锥花序；花初时白色，后变黄色，花梗明显；花萼管状，长 2 ～ 3mm，5 齿裂；花冠长 6 ～ 8mm，中下部连合呈管状，裂片披针形，花萼、花冠均密被长柔毛；雄蕊长 2.5 ～ 3.5cm，基部连合呈管状。荚果带状，深棕色，嫩荚密被短柔毛，老时无毛。种子倒卵形。花期 5 ～ 6 月，果期 8 ～ 10 月。

生于海拔 30 ～ 1300m 的山坡灌丛、沟谷、林缘、疏林中。树皮入药；夏秋季剥取树皮，晒干。具有解郁安神、活血消肿等功效。用于治疗心神不安、忧郁失眠、肺痈、疮肿、跌扑伤痛。

肉色土圞儿

Apios carnea (Wall.) Benth. ex Baker

缠绕藤本。茎细长，幼时被毛，后变无毛。羽状复叶通常具小叶 5；叶柄长 5 ～ 12cm；小叶长椭圆形，长 6 ～ 12cm，宽 4 ～ 5cm，先端渐尖或短尾状，基部楔形或近圆形，两面近无毛，侧生小叶略偏斜。总状花序腋生，长 15 ～ 24cm，每 1 ～ 3 朵花生于序轴节上，苞片和小苞片早落；花萼钟状，二唇形，萼齿三角形，短于萼筒，长为萼筒的 2 ～ 2.5 倍；花冠淡红色、淡紫色或橙红色；旗瓣倒卵状椭圆形，翼瓣长及旗瓣的 2/3，龙骨瓣长于翼瓣，略短于旗瓣，先端弯曲成半圆形；子房无毛，几无柄。荚果线形，直，长 16 ～ 19cm，宽约 7mm，疏被短柔毛。种子肾形，黑褐色，光亮。花期 7 ～ 9 月，果期 10 ～ 11 月。

生于海拔 550 ～ 1100m 的山地沟谷、路边灌丛中。块根入药；秋冬季采挖，洗净，晒干或鲜用。具有清热解毒、祛痰止咳等功效。用于治疗感冒咳嗽、顿咳、咽喉痛、疝气、痈肿、瘰疬。

土圞儿（九牛子）
Apios fortunei Maxim.

缠绕草本。有球状或卵状块根。茎细长，被白色稀疏短毛。奇数羽状复叶；小叶 3 ～ 7，卵形或菱状卵形，先端急尖，有短尖头，基部宽楔形或圆形，腹面被极稀疏的短柔毛，背面近于无毛，脉上有疏毛；小叶柄被毛。总状花序腋生；花带黄绿色或淡绿色；花萼稍呈二唇形；旗瓣圆形，翼瓣长圆形，龙骨瓣最长，卷成半圆形；子房有疏短毛，花柱卷曲。荚果。花期 6 ～ 8 月，果期 9 ～ 10 月。

生于山坡、林缘、河边或灌丛中。块根入药；秋冬季采挖，洗净，晒干或鲜用。具有清热解毒、祛痰止咳等功效。用于治疗感冒咳嗽、顿咳、咽喉痛、疝气、痈肿、瘰疬。

粉叶羊蹄甲
Bauhinia glauca (Wall. ex Benth.) Benth.

木质藤本。除花序稍被锈色短柔毛外其余无毛。卷须稍扁，旋卷。叶近圆形，长 5 ～ 7cm，先端 2 裂达中部或中下部，罅口狭窄，裂片近卵形，先端圆钝，基部宽心形或平截，腹面无毛，背面疏被柔毛；基出脉 9 ～ 11；叶柄长 2 ～ 4cm。伞房状总状花序顶生或与叶对生，具密集的花，花序梗长 2.5 ～ 6cm，被疏柔毛；花序下部的花梗长达 2cm；花托长 1.2 ～ 2cm，被疏毛；萼片卵形，急尖，长约 6mm，外被锈色茸毛；花瓣白色，倒卵形，近相等，具长瓣柄，边缘皱波状，长 1 ～ 1.2cm；能育雄蕊 3，花丝无毛，远较花瓣长；退化雄蕊 5 ～ 7；子房无毛，具柄。荚果带状，薄，无毛，不开裂，长 15 ～ 20cm，宽约 6cm。种子卵形，在荚果中央排成一纵列。花期 4 ～ 6 月，果期 7 ～ 9 月。

生于海拔 200 ～ 1300m 的山坡灌丛、沟谷、林缘或疏林中。根入药；全年可挖，除去杂质及泥土，洗净，晒干或鲜用。具有清热利湿、消肿止痛等功效。用于治疗痢疾、阴囊湿疹、疮痈肿毒。

云实（鸟不踏）
Caesalpinia decapetala (Roth) Alston

藤本状灌木。树皮暗红色。枝、叶轴和花序均被柔毛及钩刺。二回羽状复叶，羽片 3 ~ 10 对；小叶 8 ~ 12 对，长圆形，两面被短柔毛；托叶小，斜卵形。总状花序顶生，花多数；总花梗多刺；花梗被毛，在花萼下具关节，花易脱落；萼片 5，长圆形；花瓣黄色；雄蕊与花瓣近等长；子房无毛。荚果长圆状舌形，栗褐色。花期 4 ~ 6 月，果期 8 ~ 9 月。

生于山坡石灰岩旁、沟谷、溪边灌丛中。种子入药，有小毒；秋季采摘成熟果实，除去果皮，取出种子，晒干。具有止痢、驱虫、镇咳、祛痰等功效。用于治疗咳嗽痰喘、风热头痛、黄水疮。

荏子梢

Campylotropis macrocarpa (Bunge) Rehd.

灌木，高 1 ～ 2m。嫩枝被贴伏柔毛。叶具 3 小叶；叶柄长 1 ～ 3.5cm，被柔毛；小叶椭圆形或宽椭圆形，长 2 ～ 7cm，先端圆钝或微凹，具小刺尖，基部圆，腹面通常无毛，背面被贴伏短柔毛或长柔毛。总状花序长 4 ～ 10cm 或更长，花序梗长 1 ～ 4cm；花梗被开展微柔毛或短柔毛；花萼稍浅裂或近中裂，稀深裂，裂片窄三角形或三角形，上部裂片几乎全部合生；花冠紫红色或近粉红色，旗瓣椭圆形、倒卵形或长圆形，具瓣柄，翼瓣微短于旗瓣或等长，龙骨瓣呈直角或微钝角内弯，瓣片上部比下部短。荚果长圆形或椭圆形，具网纹，边缘具纤毛。

生于海拔 150 ～ 1000m 的山坡、灌丛、林缘、山谷沟边。根或枝叶入药；夏秋季挖根或采收枝叶，洗净，切段，晒干。具有祛风、散寒、解表、舒筋活血等功效。用于治疗四肢麻木、半身不遂、感冒、水肿、肾炎。

野百合（农吉利）
Crotalaria sessiliflora L.

直立草本，基部常木质化。茎单一或分枝，被紧贴粗糙的长柔毛。托叶线形，宿存或早落；单叶，形状变异较大，通常为线形、线状披针形、椭圆状披针形或线状长圆形，两端渐尖，腹面近无毛，背面密被丝质短柔毛，叶柄近无。总状花序长圆状圆柱形，顶生、腋生或密生枝顶形似头状，亦有单花腋生，花1至多数；苞片线状披针形；花梗短；小苞片与苞片同形，成对生于萼筒基部；花萼二唇形，密被棕褐色长柔毛，成熟后呈黄褐色，萼齿宽披针形，先端渐尖；花冠蓝色或紫蓝色，包被萼内，旗瓣长圆形，先端钝或凹，基部具胼胝体2枚，翼瓣长圆形或披针状长圆形，约与旗瓣等长，龙骨瓣中部以上变窄成扭转的长喙；子房无柄。荚果短圆柱形，长约1cm，包被于萼内，下垂紧贴于枝，无毛，有10～15粒种子。花果期5月至翌年2月。

生于山坡、林缘、路旁或灌木丛中。全草入药，有毒；夏秋季采收，鲜用或切段晒干。具有清热解毒、祛风除湿、消积等功效。用于治疗热淋、痢疾、疔疮肿毒、风湿痹痛、毒蛇咬伤、小儿疳积、恶性肿瘤、盗汗。

中南鱼藤
Derris fordii Oliv.

攀缘状灌木。羽状复叶；小叶2～3对，厚纸质或薄革质，卵状椭圆形，两面无毛，侧脉6～7对；小叶柄黑褐色。圆锥花序腋生；花序轴和花梗疏被黄褐色短毛；花萼钟状，萼齿短，圆形或三角形；花冠白色；雄蕊单体；子房无柄，被白色长柔毛。荚果薄革质，长椭圆形，扁平。种子1～4粒。花期4～5月，果期10～11月。

生于沟谷、溪边、路旁或灌丛中。茎、叶入药，有毒；夏秋季采收，切段晒干。具有解毒杀虫、消肿止痛等功效。外用可治疗疮毒、皮肤湿疹、皮炎、跌打肿痛。

饿蚂蝗
Desmodium multiflorum DC.

直立灌木，高 1 ～ 2m。幼枝具棱角，密被淡黄色至白色柔毛。叶为羽状三出复叶，小叶 3；托叶狭卵形至卵形；小叶近革质，椭圆形或倒卵形，顶生小叶大，背面灰白色，被贴伏或伸展丝状毛，中脉尤密；小托叶狭三角形，小叶柄被绒毛。圆锥花序或总状花序顶生或腋生；花常 2 朵生于每节上；花萼密被钩状毛，裂片三角形，与萼筒等长；花冠紫色；雄蕊单体；子房线形，被贴伏柔毛。荚果有荚节 4 ～ 7，密被贴伏褐色丝状毛。花期 7 ～ 9 月，果期 8 ～ 10 月。

生于海拔 600 ～ 1200m 的山坡、沟边或路旁灌丛中。茎叶入药；夏秋季采收，切段，晒干或鲜用。具有补虚、活血止痛、解毒消肿等功效。用于治疗胃痛、小儿疳积、妇女血痨。

葛（野葛、葛藤）
Pueraria lobata (Willd.) Ohwi

草质大藤本，全体密被黄色长毛。块根肥大。三出复叶，具长柄，托叶盾形；顶生小叶菱状卵形，基部圆，顶端渐尖，有时 3 浅裂；侧生小叶阔卵形，基部偏斜，小托叶线形，与小叶柄近等长。总状花序腋生；小苞片卵形；萼钟状，萼齿 5，约与萼筒等长；花冠蓝紫色或紫红色，旗瓣近圆形，基部有一黄色附属体；雄蕊 10。荚果长圆状线形，扁平，密被黄色长硬毛。

生于山坡、路旁、山谷沟边、林缘或村旁荒地中。块根入药；秋冬季采挖，趁鲜切成厚片或小块，干燥。具有解肌退热、生津止渴、透疹、升阳止泻、通经活络、解酒毒等功效。用于治疗外感发热头痛、项背强痛、口渴、消渴、麻疹不透、热痢、泄泻、眩晕头痛、中风偏瘫、胸痹心痛、酒毒伤中。

苦参（立心苦）

Sophora flavescens Alt.

草本或亚灌木，高约 1m。茎具纹棱。羽状复叶；托叶披针状线形；小叶 6～12 对，近对生，纸质，椭圆形。总状花序顶生；花萼钟状，明显歪斜；花冠比花萼长 1 倍，淡黄白色，旗瓣倒卵状匙形；雄蕊 10，分离或近基部稍连合；子房近无柄，被淡黄白色柔毛，花柱稍弯曲。荚果略呈串珠状。花期 6～8 月，果期 7～10。

生于山坡、林缘、沟谷或路旁草丛中。根入药；秋冬季采挖，洗去泥土，晒干或烘干。具有清热燥湿、杀虫、利尿等功效。用于治疗热痢、便血、黄疸尿闭、赤白带下、阴肿阴痒、湿疹、湿疮、皮肤瘙痒、疥癣麻风；外治滴虫性阴道炎。

救荒野豌豆（大巢菜、野豌豆）
Vicia sativa L.

一年生或二年生草本。茎斜升或攀缘，具棱，被微柔毛。偶数羽状复叶，叶轴顶端卷须有 2～3 分枝；托叶戟形，通常有 2～4 裂齿，小叶 2～7 对，长椭圆形或近心形，先端圆或平截，有凹，具短尖头，基部楔形，侧脉不甚明显，两面被贴伏黄柔毛。花 1～2 朵或 4 朵，腋生，近无梗；萼钟形，外面被柔毛，萼齿披针形或锥形；花冠紫红色或红色，旗瓣长倒卵圆形，先端圆，微凹，中部两侧缢缩，翼瓣短于旗瓣，龙骨瓣短于翼瓣；子房线形，微被柔毛，胚珠 4～8，具短柄，花柱上部被淡黄白色髯毛。荚果线状长圆形。花期 4～7 月，果期 7～9 月。

生于山脚草地、路旁、荒地、菜园。全草入药；4～5 月采割，晒干或鲜用。具有补肾调经、祛痰止咳等功效。用于治疗肾虚腰痛、遗精、月经不调、咳嗽痰多、疔疮。

贼小豆
Vigna minima (Roxb.) Ohwi et Ohashi

一年生缠绕草本。茎纤细，无毛或被疏毛。羽状复叶具 3 小叶；托叶盾状着生，披针形，被疏硬毛；小叶的形状和大小变化颇大，卵形、圆形、卵状披针形、披针形或线形，先端急尖或钝，基部圆或宽楔形，两面近无毛或被极稀疏的糙伏毛。总状花序柔弱，花序梗远长于叶柄，常有 3～4 花；小苞片线形或线状披针形；花萼钟状，具不等大的 5 齿，裂齿被硬缘毛；花冠黄色，旗瓣极外弯，近圆形，龙骨瓣具长而尖的耳。荚果圆柱形，无毛，开裂后旋卷。种子长圆形，深灰色，种脐线形。花果期 8～10 月。

生于山地沟边、路旁或林缘草丛中。种子入药；立秋后割下全株，晒干，打下种子，簸净杂质，晒干。具有利尿、消肿、湿热等功效。

野豇豆

Vigna vexillata (L.) Rich.

攀缘状草本。根纺锤形，木质。羽状复叶具 3 小叶；托叶卵形至卵状披针形；小叶卵形至卵状披针形，两面被柔毛。花序腋生，有 2 ～ 4 朵生于花序轴顶部的花，使花序近伞形；花萼裂片线状披针形；旗瓣粉红色或紫色，顶端凹缺。荚果直立，线状圆柱形，被刚毛。种子 10 ～ 18 粒。花期 7 ～ 9 月，果期 9 ～ 11 月。

生于山坡、林缘、沟边、路旁或灌丛中。根入药；秋季采挖，除去茎基、须根和泥土，洗净，晒干。具有益气、生津、利咽、解毒等功效。用于治疗头昏乏力、失眠、脱肛、乳少、咽喉肿痛、烦渴、牙痛、疮毒、瘰疬。

■ 牻牛儿苗科 Geraniaceae ////////////////////////////

尼泊尔老鹳草

Geranium nepalense Sweet

多年生草本，高 30 ～ 50cm。茎细弱，多分枝，仰卧，被倒生柔毛。叶对生；托叶披针形；基生叶和茎下部叶具长柄，叶片五角状肾形，茎部心形，掌状 5 深裂，中部以上边缘缺刻状，两面被毛，沿脉毛较密；上部叶具短柄，叶片较小，通常 3 裂。总花梗腋生，长于叶，每梗 2 花；萼片卵状椭圆形；花瓣紫红色；花柱不明显，柱头分枝。蒴果被长柔毛。花期 4 ～ 9 月，果期 5 ～ 10 月。

生于海拔 500 ～ 1200m 的山坡草丛、溪谷、沟边或路旁。全草入药；夏秋季果实近成熟时采割，除去杂质，晒干。具有清热利湿、祛风、止咳、止血、生肌、收敛等功效。用于治疗风寒湿痹、肌肉酸痛、跌打损伤、咳嗽气喘、泄泻。

■ 大戟科 Euphorbiaceae

大戟（京大戟）
Euphorbia pekinensis Rupr.

多年生草本。根圆柱状。茎单生或自基部多分枝，高 40～80cm。叶互生，常为椭圆形，先端尖，基部渐狭；主脉明显；总苞叶 4～7，长椭圆形；伞幅 4～7，苞叶 2。花序单生于二歧分枝顶端，无柄；总苞杯状，边缘 4 裂，裂片半圆形；腺体 4，半圆形；雄花多数，伸出总苞之外；雌花 1 朵，具较长的子房柄，花柱 3，柱头 2 裂。蒴果球状，被稀疏的瘤状突起，成熟时分裂为 3 个分果爿。花期 5～8 月，果期 6～9 月。

生于山坡、路旁、荒地、草丛、林缘及疏林下。根入药，有毒；秋冬季采挖，洗净，晒干。具有泻水逐饮、消肿散结等功效。用于治疗水肿、血吸虫病、肝硬化、结核性腹膜炎引起的腹水、胸腔积液、痰饮积聚。

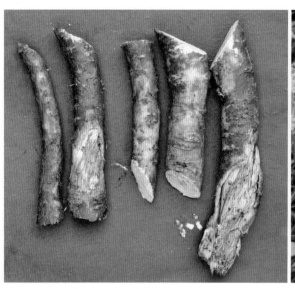

叶下珠
Phyllanthus urinaria L.

一年生草本，高 10～60cm。茎常直立，基部多分枝。叶片纸质，因叶柄扭转而呈羽状排列，长圆形，顶端圆而有小尖头，背面灰绿色，近边缘或边缘有 1～3 列短粗毛；侧脉每边 4～5 条；叶柄极短，托叶卵状披针形。花雌雄同株；雄花 2～4 朵簇生于叶腋，通常仅上面 1 朵开花，萼片 6，雄蕊 3，花丝全部合生成柱状；雌花单生于小枝中下部的叶腋内，萼片 6，黄白色，花盘圆盘状，子房卵状，有鳞片状凸起，花柱分离，顶端 2 裂。蒴果圆球状，红色，表面具一小凸刺。花期 4～6 月，果期 7～11 月。

生于海拔 800m 以下的山坡、荒地、林缘、溪旁、路边。全草入药；夏秋季采收，去杂质，洗净，鲜用或晒干。具有清热解毒、利水消肿、明目、消积等功效。用于治疗泄泻、痢疾、传染性肝炎、水肿、小便淋痛、小儿疳积、赤眼目翳、口疮头疮、无名肿毒。

■ 芸香科 Rutaceae

臭节草（松风草）
Boenninghausenia albiflora (Hook.) Reichb. ex Meisn.

多年生草本，有浓烈气味，高达 80cm，基部近木质。枝、叶无毛，灰绿色，稀紫红色，幼枝髓心大而空心。叶薄纸质，小裂片倒卵形、菱形或椭圆形，长 1～2.5cm，背面灰绿色，老叶常褐红色。花序多花，花枝纤细，基部具小叶；萼片长约 1mm；花瓣白色，有时顶部桃红色，长圆形或倒卵状长圆形，长 6～9mm，具透明油腺点；雄蕊 8，长短相间，花丝白色，花药红褐色。果瓣长约 5mm，子房柄果时长 4～8mm，每果瓣内有种子 3～5 粒。种子长约 1mm，褐黑色。花果期 7～11 月。

生于海拔 600m 以上的沟谷、林缘或林下阴湿处。全草入药；夏季采收，鲜用或阴干。具有止痛、散淤、杀虫、截疟等功效。用于治疗感冒、咳嗽、疟疾、跌打损伤、外伤出血、痈疽疮疡。

臭辣吴萸（臭辣树、臭吴萸、野吴萸）
Evodia fargesii Dode

乔木。树皮暗灰色，嫩枝紫褐色。小叶 5～9，通常为 7，斜卵形至斜披针形，生于叶轴基部的较小，小叶基部通常一侧圆，另一侧楔尖，两侧甚不对称，叶面无毛，叶背沿中脉两侧有灰白色卷曲长毛，叶轴及小叶柄均无毛。花序顶生，花甚多；5 基数，萼片卵形，边缘被短毛；花瓣腹面被短柔毛；雄花的雄蕊花丝中部以下被长柔毛；退化雌蕊顶端 5 深裂；雌花子房近圆球形。蓇葖果淡紫红色，表面有网状皱纹，油点稀疏但较明显。种子黑色。花期 6～8 月，果期 8～10 月。

生于海拔 100～1200m 的疏林、沟谷、林缘或路旁。果实入药；8～9 月采摘未成熟果实，鲜用或晒干。具有止咳、散寒、止痛等功效。用于治疗咳嗽、胃脘痛、泄泻、腹痛。

吴茱萸

Evodia rutaecarpa (Juss.) Benth.

灌木或小乔木。嫩枝暗紫红色，与叶轴及花序轴均被锈色长柔毛。小叶 5 ~ 11，椭圆形至卵形，薄至厚纸质，两侧对称或一侧的基部稍偏斜，全缘，叶两面密被长柔毛，有粗大油点。聚伞状圆锥花序顶生；雄花序的花彼此疏离；雌花序的花密集或疏离；花淡黄白色；雄花花瓣腹面被长柔毛，花丝被白色长柔毛；雌花花瓣腹面被毛；不育雄蕊的花丝与花瓣近等长，无花粉粒。蓇葖果密集或疏散，紫红色，有粗大油点。花期 4 ~ 6 月，果期 8 ~ 11 月。

生于海拔 200 ~ 1100m 的疏林或林缘旷地。果实入药，有小毒；6 ~ 7 月果实近成熟时采摘，晒干。具有散寒止痛、疏肝下气、温中燥湿等功效。用于治疗厥阴头痛、寒疝腹痛、经行腹痛、脘腹胀痛、呕吐吞酸、五更泄泻、口疮。

竹叶花椒

Zanthoxylum armatum DC.

小乔木或灌木状，高达 5m。枝无毛，茎枝多锐刺，刺基部宽而扁。奇数羽状复叶，叶轴、叶柄具翅，背面有时具皮刺，无毛；小叶 3 ～ 9（～ 11），对生，纸质，几无柄，披针形、椭圆形或卵形，长 3 ～ 12cm，宽 1 ～ 4.5cm，先端渐尖，基部楔形或宽楔形，疏生浅齿，或近全缘，齿间或沿叶缘具油腺点，叶背面基部中脉两侧具簇生柔毛，背面中脉常被小刺。聚伞状圆锥花序腋生或兼生于侧枝之顶，长 2 ～ 5cm，具花约 30 朵，花枝无毛；花被片 6 ～ 8，1 轮，大小近相等，淡黄色，长约 1.5mm；雄花具 5 ～ 6 雄蕊；雌花具 2 ～ 3 心皮。果成熟时紫红色，疏生微凸油腺点，果瓣直径 4 ～ 5mm。花期 4 ～ 5 月，果期 8 ～ 10 月。

生于山坡疏林、林缘、沟边或路旁灌丛中。果实入药；6 ～ 8 月采收成熟果实，将果皮晒干，除去种子。具有温中燥湿、散寒止痛、驱虫止痒等功效。用于治疗脘腹冷痛、呕吐泄泻、湿疹瘙痒、虫积腹痛。

朵花椒（刺风树）

Zanthoxylum molle Rehd.

落叶乔木，树皮褐黑色，嫩枝暗紫红色，茎干有鼓钉状锐刺，花序轴及枝顶部散生较多的短直刺，嫩枝的髓部大且中空，叶轴浑圆，常被短毛。羽状复叶有小叶 13 ～ 19 片，生于顶部小枝上的通常 5 ～ 11 片；小叶对生，几无柄，厚纸质，阔卵形或椭圆形，顶部急尖，基部圆或略呈心形，两侧对称或一侧偏斜，中脉在叶面凹陷，侧脉每边 11 ～ 17 条，叶背密被白灰色或黄灰色毡状绒毛。花序顶生，多花；总花梗常有锐刺；花梗淡紫红色，密被短毛；萼片及花瓣均 5 片；花瓣白色；雄花的退化雌蕊约与花瓣等长，顶端 3 浅裂；雌花的退化雄蕊极短；心皮 3。果柄及分果瓣淡紫红色。花期 6 ～ 8 月，果期 10 ～ 11 月。

生于海拔 100 ～ 700m 的疏林或灌木丛中。树皮入药；全年可剥取，晒干。具有祛风通络、活血散淤等功效。用于治疗跌打损伤、风湿痹痛、蛇咬伤、外伤出血。

野花椒
Zanthoxylum simulans Hance

灌木。枝有锐刺及白色皮孔,嫩枝、小叶背面常被短柔毛。小叶 5 ～ 15,对生,厚纸质,无柄,卵形、卵状椭圆形或披针形,两侧略不对称,顶部急尖或短尖,常有凹口,两面均有透明油点,叶面密生短刺刚毛,中脉凹陷,叶缘有细钝齿。花序顶生;花被片 5 ～ 8,淡黄绿色;雄花的雄蕊 5 ～ 8;雌花的花被片为狭长披针形,心皮 2 ～ 3,花柱斜向背弯。蓇葖果红色至紫红色,基部有伸长的子房柄,果皮上有粗大、半透明的油点。花期3 ～ 5 月,果期 7 ～ 9 月。

生于山坡疏林、溪边、林缘或灌丛中。果实入药;7 ～ 8 月采收成熟果实,晒干。具有温中止痛、杀虫止痒等功效。用于治疗胃寒腹痛、蛔虫病;外用可治疗湿疹、皮肤瘙痒。

■ 远志科 Polygalaceae

狭叶香港远志（金钥匙）
Polygala hongkongensis Hemsl. var. **stenophylla** (Hayata) Migo

直立草本至亚灌木,高 15 ～ 50cm。茎枝细,疏被至密被卷曲短柔毛。单叶互生,叶片纸质或膜质,狭披针形,两面无毛;叶柄被短柔毛。总状花序顶生,花序轴及花被均被短柔毛,具疏松排列的花 7 ～ 18 朵;花基部具3 枚苞片,苞片钻形;萼片 5,宿存,具缘毛,外面 3 枚舟形或椭圆形,内凹,中间 1 枚沿中脉具狭翅,内萼片花瓣状,椭圆形;花瓣 3,白色或紫色,侧瓣深波状,2/5 以下与龙骨瓣合生,先端圆形,龙骨瓣盔状,顶端具广泛流苏状鸡冠状附属物;雄蕊 8,花丝 4/5 以下合生成鞘,鞘 1/2 以下与花瓣贴生,并具缘毛;子房倒卵形,具柄,花柱扁平,弧曲,柱头 2。蒴果近圆形,具阔翅,先端具缺刻,基部具宿存萼片。花期 5 ～ 6 月,果期 6 ～ 7 月。

生于海拔 350 ～ 1150m 的沟谷林下、林缘或山坡草地。全草入药;全年可采挖,洗净,晒干。具有益智安神、散淤、消肿、化痰等功效。用于治疗失眠、咳喘、跌打损伤、毒蛇咬伤、痈肿疮毒。

瓜子金（瓜子草、金锁匙、小金不换）

Polygala japonica Houtt.

草本，高 15 ～ 20cm。茎枝被卷曲短柔毛。单叶互生，叶片厚纸质，卵形，先端钝，有短尖头，基部圆形，主脉在腹面凹陷，侧脉 3 ～ 5 对，被短柔毛。总状花序与叶对生，或腋外生，最上 1 个花序低于茎顶；花梗细，被短柔毛；萼片 5，外面 3 枚披针形，里面 2 枚花瓣状，基部具爪；花瓣 3，白色至紫色；雄蕊 8；子房倒卵形，柱头 2。蒴果圆形。花期 4 ～ 5 月，果期 5 ～ 8 月。

生于海拔 300 ～ 1000m 的山坡、林缘或路旁草丛中。全草入药；秋季采收，洗净，晒干。具有祛痰止咳、散淤止血、宁心安神、解毒消肿等功效。用于治疗咳嗽痰多、肺热咳嗽、乳蛾、口疮、咽喉痛、吐血、便血、崩漏、乳痈、风湿关节痛。

■ 风仙花科 Balsaminaceae

鸭跖草状凤仙花

Impatiens commelinoides Hand.-Mazz.

一年生草本，长 20 ～ 40cm。茎细弱，平卧，节上生根，有分枝，上部有疏短刚毛或针状体。叶互生，卵形或近菱形，长 2.5 ～ 6cm，宽 1 ～ 3cm，先端急尖或渐尖，基部下延成达 2cm 的叶柄，边缘有疏锯齿，整个边缘有粗缘毛，侧脉 5 ～ 7 对，腹面沿脉有短糙毛。总花梗腋生，长 2 ～ 3cm，有短糙毛，仅 1 朵花，上部有 1 披针形苞片，苞片宿存；花较大，紫红色；萼片 2，宽卵形，先端具小突尖；旗瓣圆形，背面中肋有狭龙骨突，先端具小突尖；翼瓣有柄，2 裂，裂片圆形，上部裂片较大；唇瓣宽漏斗状，基部延长成条形内弯或卷曲的长距；花药尖。蒴果条形。

生于丘陵山地林缘、沟谷、溪边草丛或阴湿处。全草入药；夏季采挖，洗净，晒干。具有祛风、活血、消肿止痛等功效。用于治疗跌打损伤、疮疡肿毒、淤血肿痛、瘰疬、风湿关节痛。

■ 冬青科 Aquifoliaceae

冬青（四季青）
Ilex chinensis Sims

常绿乔木，高达 18m，全株除冬芽外无毛。叶革质，椭圆形、披针形或近卵形，基部钝或楔形，先端渐尖，叶缘具锯齿，侧脉 6 ～ 9 对，在腹面不明显。聚伞花序单生于当年生枝叶腋；雄花序为二歧或不整齐的二歧聚伞花序，有花 7 ～ 15 朵或 3 ～ 4 朵；雌花序 1 ～ 2 次分歧，具 3 ～ 7 花。果序具 3 ～ 4 果，椭圆形，外果皮革质，熟时红色，宿存柱头盘状，分核 4 ～ 5，背部具"V"形沟槽。花期 5 ～ 6 月，果期 10 ～ 11 月。

生于海拔 300 ～ 895m 的阔叶林内。叶入药；秋冬季采摘叶，晒干。具有清热解毒、消肿祛淤等功效。用于治疗肺热咳嗽、咽喉肿痛、痢疾、热淋、胁痛、烧烫伤、皮肤溃疡。

大叶冬青（大叶苦丁茶）
Ilex latifolia Thunb.

常绿乔木，全株无毛。树皮灰色，基部浅纵裂。小枝粗壮，具棱脊。叶厚革质，矩圆形或卵状矩圆形，先端钝或短渐尖，基部近圆形，叶缘具锯齿，齿端黑色，中脉在腹面凹下，在背面突起，侧脉不明显；叶柄粗短。花序假圆锥状或假总状；花黄绿色，生于次年生枝叶腋；雄花序有花 3 ～ 9 朵；雌花序有花数朵。果球形，棕红色或红色，外果皮厚，具小点突起，宿存柱头薄盘状，分核 4，卵球形，具不规则皱纹及窝点，背部具 3 纵脊。花期 4 ～ 5 月，果期 9 ～ 10 月。

生于海拔 200 ～ 1120m 的阔叶林内。叶入药；清明

前后采摘嫩叶，放于竹筛上通风，晾干或晒干。具有疏风清热、明目生津等功效。用于治疗热病烦渴、头痛、牙痛、目赤、痢疾。

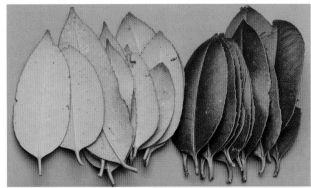

猫儿刺
Ilex pernyi Franch.

常绿灌木或小乔木，高 8m。芽和小枝密被短柔毛。叶革质，干后橄榄绿色，卵形或卵状披针形，两边具阔齿刺，先端三角状渐尖，顶端具 1 短刺，基部圆或近截形，叶缘每边具 1 ～ 3 个波状齿，齿端具短刺；中脉在腹面凹下，侧脉 1 ～ 3 对；叶柄极短，被柔毛。花簇生于次

年生枝叶腋。果实球形或扁球形，熟时红色，宿存柱头厚盘状，4 浅裂，分核 4，倒卵形或矩圆形，背部凹陷并具掌状条纹及窝点，两侧具掌状条纹和窝点，内果皮厚木质。花期 4 ～ 5 月，果期 10 ～ 11 月。

生于海拔 1100 ～ 1990m 的山脊疏林内。根入药；夏秋季采挖，洗净，晒干。具有清肺止咳、利咽、明目等功效。用于治疗肺热咳嗽、咽喉肿痛、咯血、带下、耳鸣、目赤。

毛冬青
Ilex pubescens Hook. et Arn.

常绿灌木。小枝密被长毛。叶着生于一至二年生枝上，叶片纸质，长卵形，两面被长硬毛，背面沿主脉更密，侧脉 4 ～ 5 对；叶柄密被长硬毛。花序簇生于一至二年生枝的叶腋内，密被长硬毛；聚伞花序，花小，粉红色，单性同株。果实球形，红色。花期 4 ～ 5 月，果期 8 ～ 11 月。

生于山坡灌丛、林缘、沟边和路旁。根入药；夏秋季采挖，洗净，切片，晒干。具有清热解毒、活血通络等功效。用于治疗风热感冒、肺热咳喘、喉咙肿痛、乳蛾、痢疾、胸痹、疮疡。临床上用于治疗冠心病、心绞痛、脉管炎。

尾叶冬青
Ilex wilsonii Loes.

常绿小乔木，高达 10m。树皮灰褐色或灰色，平滑。一年生枝略具棱脊，近无毛，小枝无毛。叶厚革质，卵形或倒卵状椭圆形，先端渐尖至尾尖，基部钝或近圆形，全缘，干后腹面橄榄绿色或绿褐色，有光泽，中脉在腹面平，在背面凸起，侧脉 7～8 对；叶柄无毛，具沟槽。

花簇生于次年生枝叶腋，苞片三角形，花 4 数；雄花序聚伞状或伞状，每分枝有花 3～5 朵，稀至 7 朵；雌花单朵簇生，花梗无毛，苞片 2。果小，球形，平滑，宿存柱头厚盘状，分核 4，卵状三角形，内果皮革质。花期 5 月，果期 10～11 月。

生于海拔 600～900m 的阔叶林内。根入药；夏秋季采挖，洗净，鲜用或晒干。具有清热解毒、消肿止痛等功效。

■ 卫矛科 Celastraceae

卫矛（鬼箭羽）
Euonymus alatus (Thunb.) Sieb.

灌木，高 1～3m。小枝常具 2～4 列宽阔木栓翅。叶卵状椭圆形或倒卵形，边缘具细锯齿。聚伞花序 1～3 花；花白绿色，4 基数；萼片半圆形；花瓣近圆形；雄蕊着生花盘边缘处，花丝极短。蒴果 1～4 深裂，裂瓣椭圆状，假种皮橙红色，全包种子。花期 5～6 月，果期 7～11 月。

生于山坡、疏林、林缘。带翅的枝叶入药；全年可采割枝条及其翅状物，晒干。具有破血通经、解毒消肿、杀虫等功效。用于治疗经闭、产后淤滞腹痛、虫积腹痛、漆疮。

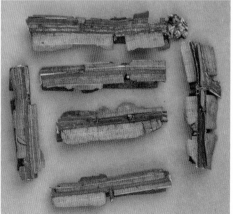

肉花卫矛

Euonymus carnosus Hemsl.

半常绿灌木或乔木，高达 3～10m。小枝圆柱形或微具 4 棱，绿色。叶对生，叶片近革质，窄长椭圆形至宽椭圆形或长圆状倒卵形，长 4～17cm，宽 2～9cm，先端凸成短渐尖，基部宽圆，缘具细圆锯齿，侧脉 7～15 对；叶柄长 0.8～2.5cm。聚伞花序 1～2 次分歧，花序梗长 3～6cm，花梗长 0.6～1cm；花淡黄色，径 1.2～1.5cm，4 基数；花萼圆盘状，肥厚；花瓣近圆形。蒴果近球形，具 4 棱，径约 1cm，熟时淡红褐色。种子黑色，具光泽，假种皮红色肉质，盔状，包种子上半部。花期 5～6 月，果期 8～10 月。

生于海拔 200～1500m 的溪谷林中。根皮或树皮入药；全年可采收，挖出根部，洗净，剥取根皮或树皮，晒干。具有祛风除湿、活血通经、化淤散结等功效。用于治疗风湿痹痛、跌打肿痛、腰痛、痛经、闭经、瘰疬。

昆明山海棠（火把花）

Tripterygium hypoglaucum (Levl.) Hutch

藤状灌木，高 1～4m。小枝常具 4～5 棱，密被棕红色毡毛状毛，老枝无毛。叶薄革质，长方卵形、阔椭圆形或窄卵形，先端长渐尖或短渐尖，基部圆形，边缘具极浅疏锯齿，侧脉 5～7 对，疏离，在近叶缘处结网，叶面绿色，偶被厚粉，叶背常被白粉，呈灰白色；叶柄常被棕红色短毛。圆锥聚伞花序生于小枝上部，呈蝎尾状多次分歧，顶生者最大，有花 50 朵以上，花序梗、分枝及小花梗均密被锈色毛；花绿色；萼片近卵圆形；花瓣长圆形或窄卵形；花盘微 4 裂；雄蕊着生近边缘处；子房具 3 棱，花柱圆柱状，柱头膨大，椭圆状。翅果多为长方形或近圆形，果翅宽大。

生于海拔 1300m 以上的山地林中。根入药，有大毒；秋后采挖，洗净，晒干。具有祛风除湿、活血止血、舒筋接骨、解毒杀虫等功效。用于治疗风湿痹痛、半身不遂、慢性肾盂肾炎、红斑狼疮、骨结核、疮毒、神经性皮炎。

雷公藤（水莽草、断肠草）

Tripterygium wilfordii Hook. f.

藤状灌木，高 1 ～ 3m。小枝棕红色，具细棱。叶椭圆形或卵形，边缘有细锯齿，侧脉 4 ～ 7 对；叶柄密被锈色毛。圆锥聚伞花序较窄小，通常有 3 ～ 5 分枝，花序、分枝及小花梗均被锈色毛；花白色；萼片先端急尖；花瓣长方卵形；花盘略 5 裂；雄蕊插生花盘外缘；子房具3 棱，花柱柱状，柱头稍膨大，3 裂。翅果长圆状。花期4 ～ 6 月，果期 7 ～ 9 月。

生于山坡、沟谷、林缘、溪边或灌丛中。根入药，有大毒；秋季采挖，除去泥土，洗净，晒干。具有祛风除湿、活血通络、消肿止痛、杀虫解毒等功效。用于治疗风湿关节痛、腰腿痛、末梢神经炎、麻风、骨髓炎。

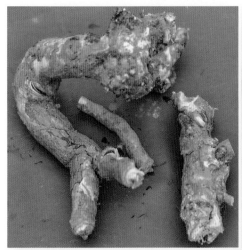

■ 省沽油科 Staphyleaceae

锐尖山香圆（山香圆）
Turpinia arguta (Lindl.) Seem.

落叶灌木，高 1 ~ 3m。老枝灰褐色。单叶对生，厚纸质，椭圆形，边缘具疏锯齿，侧脉 10 ~ 13 对。顶生圆锥花序，白色，花梗中部具 2 苞片；萼片 5，三角形，绿色；花瓣白色；花丝疏被短柔毛；子房及花柱均被柔毛。果近球形，橘红色。花期 5 ~ 6 月，果期 9 ~ 11 月。

生于沟谷、林缘或杂木林中。叶入药；夏秋季采收叶，除去杂质，晒干。具有活血止痛、解毒消肿等功效。用于治疗咽喉痛、口腔炎。

■ 黄杨科 Buxaceae

多毛板凳果
Pachysandra axillaris Franch. var. **stylosa** (Dunn) M. Cheng

亚灌木，植株高 30 ~ 50cm，下部匍匐，生须状不定根；上部直立，上半部生叶，下半部裸出，仅有稀疏、脱落性小鳞片。叶厚纸质，阔卵形，先端渐尖，基部圆，全缘或中部以上有浅波状齿，中脉在叶面平坦，在叶背凸出，叶背有匀细的短柔毛，中脉、侧脉上尚布满疏或密长毛及全面散生伏卧的长毛；叶柄粗壮。花序腋生，长 2.5 ~ 5cm，下垂，或初期斜上，花大多数红色；雄花 10 ~ 20 朵；雌花 3 ~ 6 朵。果熟时紫红色，球形；宿存花柱 3。花果期 10 ~ 12 月。

生于海拔 700 ~ 1000m 的沟谷、溪边密林下或岩石缝中。根茎入药；秋冬季采挖，除去茎叶，洗净，晒干。具有祛风除湿、活血止痛等功效。用于治疗肢体麻木、风湿痹痛、跌打损伤、劳伤腰痛。

■ 鼠李科 Rhamnaceae

多花勾儿茶（黄鳝藤、青藤）
Berchemia floribunda (Wall.) Brongn.

藤状或直立灌木。叶纸质，上部叶卵形、卵状椭圆形或卵状披针形，长 4 ～ 9cm，先端尖，下部叶椭圆形，长达 11cm，先端钝或圆，稀短渐尖，基部圆，稀心形，腹面无毛，背面干后栗色，无毛，或沿脉基部被疏柔毛，侧脉 9 ～ 12 对；叶柄长 1 ～ 5.2cm；托叶窄披针形，宿存。花常数朵簇生成顶生宽聚伞圆锥花序，花序长达 1.5cm，花序轴无毛或被疏微毛；花梗长 1 ～ 2mm；萼三角形；花瓣倒卵形；雄蕊与花瓣等长。核果圆柱状椭圆形，长 0.7 ～ 1cm，宿存花盘盘状；果柄长 2 ～ 3mm，无毛。花期 7 ～ 10 月，果期翌年 4 ～ 7 月。

生于海拔 1600m 以下的山坡、林缘、沟谷或灌丛中。茎、叶或根入药；夏秋季采收茎叶，鲜用或晒干，秋后挖根，洗净，鲜用或晒干。具有祛风除湿、活血止痛等功效。用于治疗风湿痹痛、胃痛、痛经、产后腹痛、跌打损伤、骨髓炎、骨结核、小儿疳积、肝炎、肝硬化。

牯岭勾儿茶
Berchemia kulingensis Schneid.

　　藤状或攀缘灌木，高达 3m。小枝平展，黄色，后变淡褐色。叶纸质，卵状椭圆形或卵状矩圆形，顶端钝圆或尖，具小尖头，基部圆形或近心形，两面无毛，侧脉每边 7～9（～10）对，两面稍凸起；叶柄无毛；托叶披针形，基部合生。花绿色，簇生成疏散聚伞总状花序，花序长 3～5cm，无毛；萼片三角形，顶端渐尖，边缘被疏缘毛；花瓣倒卵形，稍长。核果长圆柱形，红色，成熟时黑紫色，基部宿存的花盘盘状。花期 6～7 月，果期翌年 4～6 月。

　　生于海拔 300～1200m 的山谷灌丛、林缘或林中。根或藤茎入药。春夏季采收藤茎，鲜用或晒干；秋后挖根，洗净，鲜用或晒干。具有祛风除湿、活血止痛、健脾消疳等功效。用于治疗风湿痹痛、产后腹痛、经闭、痛经、跌打伤肿、小儿疳积、毒蛇咬伤。

■ 葡萄科 Vitaceae

显齿蛇葡萄（甜茶藤、藤茶）
Ampelopsis grossedentata (Hand.-Mazz.) W. T. Wang

　　木质藤本，植株全体无毛。卷须长达 8cm。叶为二回羽状复叶，长达 17cm，枝顶部叶为一回羽状复叶；小叶薄纸质，顶生小叶有柄，长椭圆形、狭菱形或菱状狭卵形或披针形，长 3 ～ 4.8cm，宽 1.2 ～ 2.5cm，顶端渐尖或急尖，基部楔形或宽楔形，边缘有稀疏齿或小齿，侧脉约 4 对，侧生小叶无柄，稍偏斜；叶柄长达 2.7cm，枝上部叶无柄。聚伞花序有梗，长 3 ～ 6cm，直径 2 ～ 3.5cm；苞片小，三角形；花萼盘状，直径约 2.2mm；花瓣长约 2mm。浆果近球形。

　　生于海拔 300 ～ 1200m 的沟谷、林缘、路旁或灌丛中。藤茎入药；夏秋季采收，洗净，鲜用或晒干。具有清热解毒、利湿消肿等功效。用于治疗咽喉肿痛、感冒发热、目赤肿痛、黄疸型肝炎、痈肿疮疖。

三叶崖爬藤（三叶青、九牛子、金线吊葫芦）
Tetrastigma hemsleyanum Diels et Gilg

　　草质藤本。小枝有纵棱纹。卷须不分枝，相隔 2 节间断与叶对生。叶为 3 小叶，小叶披针形，顶端渐尖，基部圆形，侧生小叶基部不对称，边缘每侧有 4 ～ 6 个锯齿；侧脉 5 ～ 6 对。花序腋生；花萼碟形，萼齿卵状三角形；花瓣 4，卵圆形；雄蕊 4；花盘明显；子房陷在花盘中呈短圆锥状，花柱短，柱头 4 裂。果实球形。花期 4 ～ 6 月，果期 8 ～ 11 月。

　　生于海拔 400 ～ 1400m 的沟谷、溪边、林下或林缘阴湿处。块根或全草入药；夏秋季采挖块根，收集地上茎叶，洗净，除去杂质，鲜用或晒干。具有清热解毒、活血止痛、祛风化痰等功效。用于治疗小儿高热惊厥、白喉、瘰疬、乳蛾、带下、痢疾、肝炎、跌打损伤、毒蛇咬伤、痈疮。

■ 瑞香科 Thymelaeaceae

毛瑞香（大腰带、雪花皮）

Daphne kiusiana Miq. var. **atrocaulis** (Rehd.) F. Maekawa

常绿灌木，高达 1m。幼枝深紫色或紫红色，无毛，老枝紫褐色或淡褐色。叶互生，稀对生，有时簇生枝顶，薄革质，长圆状披针形或椭圆形，长 5 ～ 11cm，宽 1.5 ～ 3.5cm，先端渐尖或尾尖，基部下延，楔形，全缘，两面无毛，腹面中脉凹下，侧脉 8 ～ 12 对，明显；叶柄长 0.5 ～ 1.2cm，两侧具窄翅。花 5 ～ 13 朵组成顶生头状花序，无花序梗；苞片披针形或长圆形，长 0.5 ～ 1.2cm，先端尾状渐尖，边缘具睫毛；花白色、黄色或淡紫色；萼筒长 1 ～ 1.4mm，外面被丝状毛，裂片 4，卵形或三角形，长 3.5 ～ 6mm；雄蕊 8，2 轮，分别生于花萼筒上部及中部；花盘环状，全缘或波状，外面被毛；子房椭圆形，顶端渐窄成花柱，无毛。果宽椭圆形或卵状椭圆形，径 8 ～ 9mm，成熟时红色；果柄长 1 ～ 2mm，被毛。花期 11 月至翌年 2 月，果期 4 ～ 5 月。

生于海拔 300 ～ 1500m 的林缘或疏林中。根或茎皮入药；夏秋季挖根或剥取茎皮，洗净，鲜用或晒干。具有祛风除湿、通经活血、止痛等功效。用于治疗风湿痹痛、腰肌劳损、咽喉肿痛、牙痛、疮毒、跌打损伤。

■ 胡颓子科 Elaeagnaceae

木半夏（羊奶子）
Elaeagnus multiflora Thunb.

　　落叶直立灌木，高达 3m。常无刺，老枝偶有刺；幼枝密被褐锈色或深褐色鳞片，老枝无鳞片，黑色或黑褐色。叶膜质或纸质，椭圆形、卵形或倒卵状椭圆形，长 3 ～ 7cm，先端钝尖，基部楔形，腹面幼时被白色鳞片或鳞毛，背面密被灰白色鳞片和散生褐色鳞片，侧脉 5 ～ 7 对，两面均不甚明显；叶柄锈色，长 4 ～ 6mm。花白色，被银白色和少数褐色鳞片，常单生新枝基部叶腋；花梗细弱，长 4 ～ 8mm；萼筒圆筒状，长 5 ～ 6.5mm，在裂片下面扩展，在子房之上缢缩，裂片宽卵形，长 4 ～ 5mm，内面疏被白色星状毛；雄蕊着生萼筒喉部稍下，花丝极短；花柱直立，稍弯曲，无毛，稍伸出萼筒喉部，不超过雄蕊。果椭圆形，长 1.2 ～ 1.4cm，被锈色鳞片，熟时红色；果柄细，长 1.5 ～ 4cm，下弯。花期 5 月，果期 4 ～ 7 月。

　　生于海拔 1400m 以下的林缘、路旁、沟边、山坡灌丛中。果实入药；6 ～ 7 月采收，鲜用或晒干。具有平喘、止痢、活血消肿等功效。用于治疗哮喘、跌打损伤、风湿关节痛、痔疮、痢疾。

■ 堇菜科 Violaceae

紫花堇菜
Viola grypoceras A. Gray

　　多年生草本。主根发达。根茎粗短，褐色；地上茎数条，花期高 5 ～ 20cm，果期高达 30cm，无毛。基生叶心形，先端稍尖，基部心形，边缘有钝锯齿，两面密布褐色的腺点；茎生叶三角状心形；托叶褐色，狭披针形，边缘有流苏状长齿。花浅紫色，花柄从茎基部或茎生叶叶腋抽出，超出叶；萼片披针形；花瓣倒卵状长圆形，边缘呈波状，距向下弯曲；子房无毛。蒴果椭圆形。花期 4 ～ 5 月，果期 6 ～ 8 月。

　　生于海拔 800 ～ 1300m 的山坡、林缘、河边及路边草丛中。全草入药；春夏季采收，洗净，除去杂质，鲜用或晒干。具有清热解毒、凉血、止血、化淤等功效。用于治疗咽喉肿痛、疔疮肿毒、败血症、湿热黄疸、目赤、便血、刀伤出血、跌打损伤。

柔毛堇菜
Viola principis H. de Boiss.

多年生草本，全体被开展的白色柔毛。根茎较粗壮。匍匐枝较长，延伸，有柔毛，有时似茎状。叶近基生或互生于匍匐枝上；叶片卵形或宽卵形，有时近圆形，先端圆，稀具短尖，基部宽心形，有时较狭，边缘密生浅钝齿，背面尤其沿叶脉毛较密；叶柄长 5 ～ 13cm，密被长柔毛，无翅；托叶大部分离生，褐色或带绿色，先端渐尖，边缘具长流苏状齿。花白色；花梗通常高于叶丛，密被开展的白色柔毛，中部以上有 2 枚对生的线形小苞片；萼片狭卵状披针形或披针形，先端渐尖，基部附属物短；花瓣长圆状倒卵形，侧方 2 枚花瓣里面基部稍有须毛，下方 1 枚花瓣较短；距短而粗，呈囊状；下方 2 枚雄蕊具角状距，稍长于花药；子房圆锥状，无毛，花柱棍棒状。蒴果长圆形。花期 3 ～ 6 月，果期 6 ～ 9 月。

生于海拔 1400m 以下的林下、林缘、沟边及路旁等。全草入药；夏秋季采收，洗净，鲜用或晒干。具有清热解毒、祛淤生新等功效。用于治疗无名肿毒、跌打伤痛。

庐山堇菜
Viola stewardiana W. Beck.

多年生草本。根茎粗。茎地下部分横卧；地上茎高达 25cm，数条丛生。基生叶莲座状，叶三角状卵形，长 1.5 ～ 3cm，先端具短尖，基部宽楔形或平截，下延，具圆齿，齿端有腺体，两面有褐色腺点；茎生叶长卵形或菱形，长达 4.5cm，先端短尖或渐尖，基部楔形，叶柄具窄翅；托叶褐色，披针形或线状披针形，具长流苏。花淡紫色；花梗长 1.5 ～ 3cm；萼片窄卵形或长圆状披针形，长 3 ～ 3.5mm，基部附属物短，全缘，无毛；花瓣先端微缺，上瓣匙形，长约 8mm，侧瓣长圆形，内面无须毛，下瓣倒卵形，连距长约 1.4cm，距长约 6mm；子房无毛，花柱顶部具钩状短喙，柱头孔较大。蒴果近球形，散生褐色腺体。花期 4 ～ 7 月，果期 5 ～ 9 月。

生于海拔 500 ～ 1400m 的沟谷、林缘、溪边或路旁石缝中。全草入药；夏秋季采收，洗净，鲜用或晒干。具有清热解毒、散淤消肿、凉血等功效。用于治疗咽喉肿痛、目赤肿痛、黄疸、疔疮痈肿、毒蛇咬伤、烧烫伤、乳痈。

■ 秋海棠科 Begoniaceae

周裂秋海棠
Begonia circumlobata Hance

多年生草本。叶均基生，宽卵形或扁圆形，长 10 ～ 17cm，基部近平截或微心形，5 ～ 6 深裂，裂片椭圆形，长 5 ～ 13cm，常不裂，具粗浅齿，齿尖带短芒，腹面散生硬毛，背面沿脉散生糙伏毛；叶柄长 8 ～ 28cm，被褐色卷曲长毛；托叶卵形，顶端带刺毛。花葶高 5 ～ 6cm；花少数，2 ～ 3 次二歧聚伞状；苞片长圆形，无毛；雄花花梗长约 1.5cm，无毛，花被片 4，玫瑰色，外面 2 枚宽卵形，长 1 ～ 1.4cm，散生褐色卷曲毛，内面 2 枚长圆形，无毛；雌花花梗长 0.8 ～ 1cm，散生卷曲毛，花被片 5，外面近圆形，长约 1cm，内面的渐小；子房 2 室，每室胎座具 2 裂片，花柱 2，约 1/2 有分枝，柱头螺旋状扭曲呈环状，带刺状乳突。蒴果下垂，倒卵状长圆形，长约 1.3cm，被疏毛，大翅长舌状，长 1.7 ～ 2.1cm，余 2 翅窄，均无毛；果柄长 2.2 ～ 3.5cm，无毛或疏被毛。花期 6 ～ 7 月，果期 7 ～ 9 月。

生于林下沟边或林缘阴湿石缝上。根茎入药；夏秋季采挖，洗净，切片晒干或鲜用。具有散瘀消肿、止咳、镇痛等功效。用于治疗月经不调、痛经、跌打损伤、痈疮、骨折、咳嗽、烧烫伤、中耳炎。

秋海棠
Begonia grandis Dry.

多年生草本。根茎近球形。茎高 40 ～ 60cm，有纵棱。叶互生，叶片两侧不相等，轮廓宽卵形至卵形，基部心形，偏斜，边缘具不等大的三角形浅齿，背面带红晕或紫红色，掌状 7 条脉，带紫红色。花淡红色，二歧聚伞状；雄花花被片 4，2 大 2 小，雄蕊多数；雌花花被片 3，外面 2 枚近圆形或扁圆形，内面 1 枚倒卵形；子房长圆形。蒴果下垂，具不等 3 翅。花期 7 ～ 9 月，果期 8 ～ 10 月。

生于海拔 700 ～ 1500m 的沟谷、林缘及林下阴湿处。根茎入药；全年可采挖，洗净，鲜用或切片晒干。具有活血化淤、止血清热等功效。用于治疗跌打损伤、吐血、咯血、鼻衄、胃溃疡、痢疾、月经不调、崩漏、带下病、淋浊、咽喉痛。

■ 葫芦科 Cucurbitaceae

光叶绞股蓝（三叶绞股蓝）
Gynostemma laxum (Wall.) Cogn.

攀缘草本。茎无毛或疏被微柔毛。叶鸟足状分裂，具 3 小叶，叶柄长 1.5 ～ 4cm，无毛；小叶纸质，中央小叶长圆状披针形，长 5 ～ 10cm，宽 2 ～ 4cm，侧生小叶卵形，长 4 ～ 7cm，稍不对称，具浅波状宽钝齿，两面无毛或腹面中脉有毛；小叶柄长（2 ～）5 ～ 7mm。花雌雄异株；雄花圆锥花序长（5 ～）10 ～ 30cm，被柔毛，侧枝短，具钻状披针形苞片，花梗丝状，长 3 ～ 7mm，花萼 5 裂，裂片窄三角状卵形，长约 0.5mm，花冠黄绿色，5 深裂，裂片窄卵状披针形，长 1.5mm，雄蕊 5，花丝合生；雌花序同雄花，花冠裂片窄三角形，花柱 3，离生，顶端 2 裂。浆果球形，径 0.8 ～ 1cm。种子宽卵形，两面具乳突。花期 8 月，果期 8 ～ 9 月。

生于海拔 800m 以上的山地沟谷、林缘。全草入药；夏秋季采收，洗净，晒干。用于治疗蛇咬伤。

绞股蓝（南方人参）
Gynostemma pentaphyllum (Thunb.) Makino

草质攀缘植物。茎细弱。鸟足状复叶具 3 ~ 9 小叶，通常 5 ~ 7 小叶；小叶片卵状长圆形，中央小叶大，侧生小叶较小，先端短渐尖，基部渐狭，边缘具波状齿，两面均疏被短硬毛，侧脉 6 ~ 8 对。卷须二歧。花雌雄异株；雄花组成圆锥花序，花萼筒极短，5 裂，花冠淡绿色，5 深裂，雄蕊 5，花丝短，连合成柱，花药着生于柱之顶端；雌花组成的圆锥花序远较雄花短小，花萼及花冠似雄花，子房球形，花柱 3，叉开，柱头 2 裂。果实球形，成熟时黑色。花期 5 ~ 8 月，果期 9 ~ 12 月。

生于海拔 100 ~ 1100m 的沟谷密林、山坡疏林、林缘、路旁草丛。全草入药；夏秋季采收，除去杂质，洗净，晒干。具有清热、补虚、解毒等功效。用于治疗咳嗽、传染性肝炎、小便淋痛、吐泻。

王瓜（苦瓜莲）

Trichosanthes cucumeroides (Ser.) Maxim.

草质藤本。块根纺锤形，肥大。茎多分枝，被短柔毛。叶片纸质，阔卵形，常 3 ～ 5 浅裂至深裂，或有时不分裂，裂片三角形、卵形至倒卵状椭圆形，边缘具细齿，叶基深心形，两面被绒毛，基出掌状脉 5 ～ 7 条。卷须二歧，被短柔毛。花雌雄异株；雄花组成总状花序，花萼筒喇叭形，花冠白色，具极长的丝状流苏；雌花单生，子房长圆形，密被短柔毛，花萼及花冠与雄花相同。果实卵状椭圆形，成熟时橙红色，平滑，具喙。花期 5 ～ 8 月，果期 8 ～ 11 月。

生于海拔 200 ～ 1700m 的山坡疏林、沟谷、溪边、林缘或灌丛中。根入药；夏秋季采挖，洗净，晒干。具有清热解毒、利尿消肿、散淤止痛等功效。用于治疗毒蛇咬伤、乳蛾、痈疮肿毒、跌打损伤、小便淋痛、胃痛。

栝楼（瓜蒌、瓜楼）

Trichosanthes kirilowii Maxim.

草质藤本。块根圆柱状。茎粗，多分枝，被白色伸展柔毛。叶片纸质，近圆形，常 3 ～ 5 浅裂至中裂，稀深裂或不分裂，叶基心形，两面沿脉被长柔毛状硬毛，基出掌状脉 5 条。卷须 3 ～ 7 歧。花雌雄异株；雄总状花序单生，顶端有 5 ～ 8 花，花萼筒状，顶端扩大，被短柔毛，花冠白色；雌花单生，花萼筒圆筒形，子房椭圆形，柱头 3。果实椭圆形，橙黄色。花期 5 ～ 8 月，果期 8 ～ 10 月。

生于海拔 200 ～ 1600m 的山坡、林下、沟谷林缘或灌丛中。果实、果皮、种子、根均可入药；秋冬季采摘成熟果实，悬挂于通风处晾干。具有温肺化痰、润肠散结等功效。用于治疗肺热咳嗽、胸闷、心绞痛、便秘、乳痈。

■ 桃金娘科 Myrtaceae

轮叶蒲桃（小叶赤楠）
Syzygium grijsii (Hance) Merr. et Perry

灌木。嫩枝有4棱。叶片革质，3叶轮生，卵形，先端钝，基部楔形。聚伞花序顶生，花白色；萼齿极短；花瓣4，分离；花柱与雄蕊同长。果实球形。花期5～7月，果期8～12月。

生于海拔200～800m的山坡疏林、林缘或灌丛中。根入药；全年可采挖，洗净，切片，鲜用或晒干。具有祛风散寒、活血止痛、解毒敛疮等功效。用于治疗风寒感冒、跌打损伤、风湿头痛。

■ 野牡丹科 Melastomataceae

过路惊（路边惊、地脚柴）

Bredia quadrangularis Cogn.

　　小灌木，高 30 ～ 120cm。小枝四棱形，棱上具狭翅。叶片坚纸质，椭圆形，顶端渐尖，基部圆钝，边缘具疏浅锯齿，基出脉 3，侧脉不明显。聚伞花序顶生于枝条顶端，有花 3 ～ 9 朵；花萼短钟形，具 4 棱；花瓣玫瑰色，卵形；雄蕊 4 长 4 短；子房半下位，扁球形，顶端具 4 个有浅裂的突起。蒴果杯形。花期 6 ～ 8 月，果期 8 ～ 10 月。

　　生于海拔 500 ～ 1400m 的山坡、山谷林下或林缘路旁。茎、叶入药；夏秋季采收，切段，晒干。具有息风定惊的功效。用于治疗小儿惊风、夜啼。

鸭脚茶

Bredia sinensis (Diels) H. L. Li

　　灌木，高 60 ～ 100cm。小枝略四棱形。叶片近革质，卵状椭圆形，顶端渐尖，基部钝，近全缘或具疏浅锯齿，5 基出脉。聚伞花序顶生，花多数；花萼钟状漏斗形，具 4 棱；花瓣粉红色至紫色，长圆形；雄蕊 4 长 4 短；子房半下位，卵状球形。蒴果近球形，为宿存萼所包；宿存萼钟状漏斗形。花期 6 ～ 7 月，果期 8 ～ 10 月。

　　生于海拔 600 ～ 1400m 的山坡、林下、沟谷、溪边或路边灌丛中。全株或叶入药；夏秋季采收，鲜用或晒干。具有发表、祛风止痛、止泻等功效。用于治疗感冒、头痛、腰痛、疟疾、小儿腹泻。

异药花（肥肉草）

Fordiophyton faberi Stapf

草本，高 30 ～ 60cm。茎四棱形，具槽。叶片膜质，卵形或椭圆形，顶端渐尖，基部浅心形，边缘具细锯齿，基出脉 5 ～ 7 条。聚伞花序组成顶生圆锥花序；花萼被腺毛；花瓣淡红色、红色或紫红色，倒卵状长圆形。蒴果倒圆锥形，具 4 棱，顶孔 4 裂。花期 6 ～ 9 月，果期 8 ～ 11 月。

生于海拔 500 ～ 1400m 的沟谷、溪边或林缘阴湿处。全草入药；夏秋季采收，洗净，晒干或鲜用。具有清热利湿、凉血消肿等功效。用于治疗痢疾、腹泻、吐血、痔血。

星毛金锦香（朝天罐、高脚红缸）

Osbeckia stellata Ham. ex D. Don: C. B. Clarke

亚灌木，高 30 ～ 120cm。茎四棱形，被糙毛。叶对生或 3 片轮生，叶片坚纸质，卵状披针形，顶端渐尖，基部圆形，全缘，具缘毛，两面除被糙伏毛外，还密被微柔毛及透明腺点，5 基出脉。稀疏的聚伞花序组成顶生圆锥花序；花萼外面除被多轮的刺毛状有柄星状毛外，还密被微柔毛；花瓣深红色至紫色，卵形；雄蕊 8，花药具长喙；子房顶端具 1 圈短刚毛。蒴果长卵形，有宿存萼包裹，宿存萼长坛状，中部略上缢缩，被刺毛状有柄星状毛。花果期 7 ～ 9 月。

生于海拔 250 ～ 1000m 的山坡、山谷、溪边或路旁草丛中。地上部分入药；全年可采收，切段，晒干。具有清热利湿、止血调经等功效。用于治疗湿热泻痢、淋痛、久咳、月经不调、白带、咽喉痛。

■ 山茱萸科 Cornaceae

香港四照花
Cornus hongkongensis Hemsley

常绿乔木或灌木，高 5 ～ 15m。叶对生，薄革质至厚革质，椭圆形至长椭圆形，先端短渐尖或短尾状，基部宽楔形或钝尖形，中脉在腹面明显，在背面凸出，侧脉 3 ～ 4 对，弓形内弯，在腹面不明显或微下凹，在背面凸出。头状花序球形，由 50 ～ 70 朵花聚集而成；总苞片 4，白色，宽椭圆形至倒卵状宽椭圆形；花小，有香味；花萼管状，绿色，上部 4 裂；花瓣 4，长椭圆形；雄蕊 4；子房下位。果序球形，被白色细毛，成熟时黄色或红色。花期 5 ～ 6 月，果期 11 ～ 12 月。

生于海拔 650 ～ 1700m 的湿润山谷密林中或混交林中。叶、花入药；全年可采收叶，夏季采摘花，鲜用或晒干。具有清热解毒、收敛止血等功效。用于治疗外伤出血。

五加科 Araliaceae

吴茱萸五加（萸叶五加）
Acanthopanax evodiaefolius Franch.

乔木，高达 12m。掌状复叶，具 3 小叶，在长枝上互生，在短枝上簇生；小叶片纸质至革质，中央小叶片椭圆形至长圆状倒披针形，先端渐尖，基部楔形，两侧小叶基部歪斜，腹面无毛，背面脉腋有簇毛，侧脉 6 ～ 8 对。总花梗长 2 ～ 8cm，花梗长 0.8 ～ 1.5cm；花瓣长卵形，开花时反曲；花盘略扁平。果球形，熟时黑色，有 2 ～ 4 浅棱。花期 5 ～ 7 月，果期 8 ～ 10 月。

生于海拔 500 ～ 1500m 的山坡疏林、林缘或沟谷。根皮入药；夏秋季挖根，洗净，剥出根皮，晒干。具有祛风除湿、活血舒筋、理气化痰等功效。用于治疗腰膝酸痛、风湿痹痛、劳伤咳嗽、跌打损伤、水肿、吐血。

五加（五加皮）
Acanthopanax gracilistylus W. W. Smith

灌木，高 2 ～ 3m。掌状复叶，小叶 5，在长枝上互生，在短枝上簇生；小叶片纸质，倒卵形至倒披针形，边缘有细钝齿，侧脉 4 ～ 5 对。伞形花序腋生或顶生于短枝上，有花多数；花黄绿色；花萼边缘近全缘或有 5 小齿；花瓣 5，长圆状卵形；雄蕊 5；花柱 2，细长，离生或基部合生。果实扁球形。花期 4 ～ 8 月，果期 6 ～ 10 月。

生于海拔 200 ～ 1600m 的林缘、沟谷、溪边或山坡路旁。根皮入药；夏秋季采挖，除去须根，刮皮，抽去木心，干燥。具有祛风湿、补肝肾、强筋骨等功效。用于治疗风湿关节痛、腰腿酸痛、半身不遂、跌打损伤、水肿。

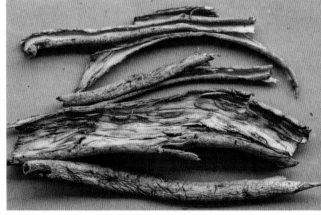 

食用土当归（土当归、九眼独活）

Aralia cordata Thunb.

高大粗壮草本。根茎圆柱形，结节状。茎高 0.5～3m。叶为二回或三回羽状复叶；羽片有小叶 3～5；小叶片薄纸质，长卵形至长圆状卵形，基部心形，侧生小叶片基部歪斜，边缘有粗锯齿。圆锥花序顶生或腋生；分枝少，有数个总状排列的伞形花序；伞形花序有花多数或少数；花白色；萼无毛，边缘有 5 个三角形尖齿；花瓣 5，卵状三角形；雄蕊 5；子房 5 室，花柱 5，离生。果实球形，紫黑色。花期 7～8 月，果期 9～10 月。

生于海拔 1100～1600m 的山坡林缘或路旁草丛中。根入药；秋季采挖，洗净，切片晒干。具有祛风除湿、舒筋活络、活血止痛、消肿等功效。用于治疗风湿腰腿痛、腰肌劳损。

棘茎楤木（红楤木）

Aralia echinocaulis Hand.-Mazz.

小乔木。小枝密被黄褐色细刺，刺长 0.7～1.4cm。二回羽状复叶，羽片具 5～9 小叶，薄纸质，长圆状卵形或卵状披针形，长 4～12cm，有细齿，无毛，背面灰白色，侧脉 6～9 对，中脉及侧脉在背面常带紫红色；叶柄长达 40cm，无刺或疏生刺，小叶近无柄。圆锥花序长达 50cm，紫褐色，被锈色鳞片状毛；伞形花序直径 1～3cm，花序梗长 1～5cm；花梗长 0.8～3cm；花白色；萼无毛，具 5 小齿；花柱 5，离生。果球形，径约 3mm，具 5 棱；宿存花柱长 1～1.5mm。花期 6～8 月，果期 9～11 月。

生于海拔 200～1600m 的沟谷、林缘、山坡、路旁灌丛中。根或根皮入药；秋冬季挖根，或剥取根皮，洗净，切片，鲜用或晒干。具有祛风除湿、活血行气、解毒消肿等功效。用于治疗风湿痹痛、跌打损伤、骨折、痈疽、胃痛、疝气、骨髓炎。

树参（半枫荷、枫荷梨）

Dendropanax dentiger (Harms) Merr.

小乔木，高达 8m。叶革质或厚纸质，密被粗大半透明红棕色腺点，叶形变异很大，不分裂叶片常为椭圆形至线状披针形，先端渐尖，基部圆形或楔形；分裂叶片倒三角形，掌状 2～3 裂，稀 5 裂，基生脉三出，侧脉 4～6 对，网脉两面显著且隆起。伞形花序顶生，常 2～5 个聚集成复伞形花序，稀单生，有花 20 朵以上；花柱顶端离生。果长圆状球形，有 5 棱；宿存花柱顶端反曲。花期 8～9 月，果期 10～12 月。

生于海拔 1800m 以下的沟谷、林缘、溪边、山坡常绿阔叶林中。根或树皮入药；秋冬季挖根或剥取树皮，洗净，切片，鲜用或晒干。具有祛风除湿、活血消肿等功效。用于治疗偏头痛、半身不遂、风湿痹痛、腰腿痛、跌打损伤、月经不调、扭挫伤、外伤出血。

常春藤

Hedera nepalensis K. Koch var. **sinensis** (Tobl.) Rehd.

　　攀缘木质藤本，植株幼嫩部分、花序、花萼、花瓣均被锈色鳞片。叶二型，在不育枝上常为三角状卵形或三角状长圆形，先端短渐尖，基部截形，全缘或3裂，在花枝常为椭圆状卵形至椭圆状披针形，全缘或1～3浅裂。伞形花序单个或2～7个排成圆锥花序，顶生，有花5～40朵；花淡黄白色或淡绿白色，芳香。果球形，成熟时红色或黄色。花期9～10月，果期翌年3～5月。

　　生于海拔1600m以下的沟谷、林缘、溪边、山坡，常攀援于树木、岩石或墙壁上。茎叶入药；全年可割取，除去杂质，切段，晒干或鲜用。具有祛风利湿、活血消肿等功效。用于治疗风湿关节痛、腰痛、跌打损伤、咽喉肿痛、肾炎水肿、月经不调、经闭。

■ 伞形科 Umbelliferae ///////////////////////

重齿当归（独活）

Angelica biserrata (Shan et Yuan) Yuan et Shan

　　高大芳香草本，高达2m。根圆柱形，深褐色，有香气。茎中空，带紫色，有糙毛。叶二回三出羽状全裂，宽卵形；茎生叶具长柄，叶鞘长管状抱茎；叶小裂片长椭圆形，长5.5～18cm，有不整齐锐齿或重锯齿，顶生裂片多3深裂，基部下延成翅状，侧裂片有短柄或无柄，两面沿叶脉及边缘有柔毛；茎顶部叶特化为囊状叶鞘。花序梗长5～16（～20）cm，密被糙毛，总苞片1，长锥形，早落；伞辐10～25，长3～5cm，密被糙毛；伞形花序多花，小总苞片5～10，宽披针形，背部及边缘有毛；花萼无齿；花瓣倒卵形，白色；花柱基盘形。果椭圆形，长6～8mm，背棱线形；侧翅与果近等宽；棱槽油管2～3，合生面油管2～4。花期8～9月，果期9～10月。

　　生于海拔800m以上的林下、林缘、山坡灌丛中。根入药；秋末茎叶枯萎时采挖，除去残茎、须根及泥土，炕至半干，堆放2～3日，发软后，再烘至全干。具有祛风除湿、通痹止痛等功效。用于治疗风寒湿痹、腰膝痛、头痛。

紫花前胡

Angelica decursiva (Miq.) Franch. et Sav.

高大草本。根圆锥状，有分枝。茎高 1～2m，中空，有纵沟纹。茎下部叶的叶柄基部膨大成圆形的紫色叶鞘，抱茎; 叶片卵圆形，纸质，一回 3 全裂或一至二回羽状分裂; 第一回裂片的小叶柄翅状延长，侧方裂片和顶端裂片的基部连合，沿叶轴呈翅状延长，翅边缘有锯齿; 末回裂片卵形; 茎上部叶简化成囊状膨大的紫色叶鞘。复伞形花序顶生和侧生; 伞辐 10～22; 总苞片 1～3，紫色; 花深紫色; 萼齿明显; 花瓣倒卵形。果实长圆形。花期 8～9 月，果期 9～11 月。

生于海拔 500～1600m 的山坡、林缘、溪边或路边灌丛中。根入药; 秋冬季采挖，除去地上茎及泥土，洗净，晒干。具有疏散风寒、降气化痰等功效。用于治疗风热咳嗽、痰多、痰热喘满、咯痰黄稠。

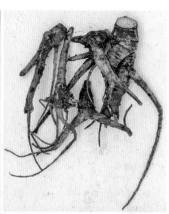

积雪草（大叶金钱草）

Centella asiatica (L.) Urban

多年生草本。茎匍匐，细长，节上生根。叶片膜质至草质，圆形、肾形或马蹄形，长 1～2.8cm，宽 1.5～5cm，边缘有钝锯齿，基部阔心形，两面无毛或在背面脉上疏生柔毛; 掌状脉 5～7，两面隆起，脉上部分叉; 叶柄长 1.5～27cm，无毛或上部有柔毛，基部叶鞘透明，膜质。伞形花序梗 2～4 个，聚生于叶腋，长 0.2～1.5cm，有或无毛; 苞片通常 2，很少 3，卵形，膜质，长 3～4mm，宽 2.1～3mm; 每一伞形花序有花 3～4 朵，聚集呈头状，花无柄或有 1mm 长的短柄; 花瓣卵形，紫红色或乳白色，膜质，长 1.2～1.5mm，宽 1.1～1.2mm; 花柱长约 0.6mm; 花丝短于花瓣，与花柱等长。果实两侧扁压，圆球形，基部心形至平截形，长 2.1～3mm，宽 2.2～3.6mm，每侧有纵棱数条，棱间有明显的小横脉，网状，表面有毛或平滑。花果期 4～10 月。

生于海拔 50～1600m 的阴湿草地、田埂、林缘、沟边或路旁。全草入药; 夏季采收，除去杂质，洗净，晒干或鲜用。具有清热利湿、活血止痛、解毒消肿等功效。用于治疗湿热黄疸、中暑腹泻、血淋、痈肿疮毒、跌打损伤。

明党参（粉沙参）
Changium smyrnioides Wolff

多年生草本，株高 50 ～ 100cm。主根纺锤形或长索形，表面棕褐色或淡黄色，内部白色。茎直立，圆柱形，表面被白色粉末，有分枝，枝疏散而开展，侧枝通常互生。基生叶少数至多数，有长柄；叶片三出式的二至三回羽状全裂，一回羽片广卵形，二回羽片卵形或长圆状卵形，三回羽片卵形或卵圆形，末回裂片长圆状披针形；茎上部叶缩小呈鳞片状或鞘状。复伞形花序顶生或侧生；总苞片无或 1 ～ 3；伞辐 4 ～ 10，开展；小总苞片少数；小伞形花序有花 8 ～ 20 朵，花蕾时略呈淡紫红色，开放后呈白色，顶生的伞形花序几乎全育，侧生的伞形花序多数不育；萼齿小；花瓣长圆形或卵状披针形。果实圆卵形至卵状长圆形，果棱不明显。花期 4 月。

生于海拔 50 ～ 500m 的常绿阔叶混交林的林下、林缘或石灰岩山坡。根入药；4 ～ 5 月采挖，洗净，置沸水中煮至无白心，取出，刮去外皮，漂洗，干燥。具有润肺化痰、养阴和胃、平肝、解毒等功效。用于治疗肺热咳嗽、呕吐反胃、食少口干、目赤眩晕、疔毒疮疡。

鸭儿芹（鸭脚板）
Cryptotaenia japonica Hassk.

多年生草本，株高 20 ～ 100cm。主根短，侧根多数，细长。茎直立，光滑，有分枝，表面有时略带淡紫色。基生叶或上部叶有柄；叶片轮廓三角形至广卵形，通常为 3 小叶；中间小叶片呈菱状倒卵形或心形；两侧小叶片斜倒卵形至长卵形，所有的小叶片边缘有不规则的尖锐重锯齿，最上部的茎生叶近无柄。复伞形花序呈圆锥状，花序梗不等长，总苞片 1，呈线形或钻形；伞辐 2 ～ 3，不等长；小总苞片 1 ～ 3；小伞形花序有花 2 ～ 4 朵；花柄极不等长；萼齿细小；花瓣白色，倒卵形。分生果线状长圆形。花期 4 ～ 5 月，果期 6 ～ 10 月。

生于海拔 200 ～ 1000m 的山地、山沟及林下较阴湿的地区。全草入药；夏秋季割取茎叶，鲜用或晒干。具有祛风止咳、利湿解毒、化淤止痛等功效。用于治疗肺痈、肺热咳嗽、淋证、疝气、风火牙痛、痈疽疔毒、皮肤瘙痒。

异叶囊瓣芹
Pternopetalum heterophyllum Hand.-Mazz.

多年生草本，植株细柔、光滑，高 15～30cm。根茎纺锤形，长 1～5cm，径 2～4mm，棕褐色。茎不分枝，或中上部有 1～2 分枝。基生叶有柄，长 3～10cm，基部有阔卵形膜质叶鞘，叶片三角形，三出分裂，裂片扇形或菱形，长与宽约 1cm，中下部 3 裂，边缘有锯齿，或二回羽状分裂，裂片线形或披针形，全缘或顶端 3 裂；茎生叶 1～3，无柄或有短柄，一至二回三出分裂，裂片

线形，长 2～5cm，宽 1～2mm。复伞形花序顶生或侧生，无总苞；伞辐通常 10～20，长 1～2cm；小总苞片 1～3，线形；小伞形花序有花 1～3 朵，通常 2；萼齿钻形或三角形，直立，大小不等；花瓣长卵形，顶端不内折；花柱基圆锥形，花柱直立，较长。果实卵形，长约 1.5mm，宽 1mm 左右，有的仅 1 个心皮发育，每棱槽内有油管 2，合生面油管 4。花果期 4～9 月。

生于海拔 1500m 以上的山地阔叶林下、沟谷、溪边阴湿岩石上。全草入药；夏季采收，洗净，鲜用。具有散寒、理气、止痛等功效，用于治疗胃痛、腹痛、胸胁痛。

直刺变豆菜（黑鹅脚板）

Sanicula orthacantha S. Moore

多年生草本，高达 35cm。茎直立，上部分枝。基生叶圆心形或心状五角形，长 2 ~ 7cm，宽 3.5 ~ 7cm，掌状 3 全裂，侧裂片常 2 裂至中部或近基部，有不规则锯齿，叶柄长 5 ~ 26cm；茎生叶稍小于基生叶，具柄，掌状 3 裂。花序常 2 ~ 3 分枝；总苞片 3 ~ 5，长约 2cm；伞形花序有雄花 5 ~ 6 朵，两性花 1 朵；萼齿窄线形或刺毛状，长达 1mm；花瓣白色、淡蓝色或淡紫红色，倒卵形，先端内凹。果卵形，有短直皮刺，有时皮刺基部连成薄片。花期 4 ~ 9 月。

生于海拔 200 ~ 1800m 的山涧、林下、路旁、沟边及溪边阴湿处。全草入药；春夏季采收，洗净，鲜用或晒干。具有清热解毒、益肺止咳、祛风除湿、活血通经等功效。用于治疗肺热咳喘、头痛、耳热瘙痒、疮肿、风湿关节痛、跌打损伤。

■ 鹿蹄草科 Pyrolaceae

水晶兰（梦兰花）

Monotropa uniflora L.

多年生腐生菌根草本，高约 12cm，白色，干后变黑。根系在土中细而分枝密，交结成鸟巢状的一大团。地上茎肉质，单一。叶鳞片状互生，白色，窄卵形。花白色，单生枝顶，俯垂，筒状钟形；萼片 4，鳞片状，早落；花瓣 5 ~ 6，分离，肉质，近长方形，直立，上部有不整齐的齿，里面通常密被长糙毛，基部囊状，早落；雄蕊 10 ~ 12，花药橙黄色，花丝粗壮有毛；花盘有 10 齿；子房卵形，5 室，花柱短，柱头膨大成漏斗状。蒴果近球形，直立。花期 4 ~ 5 月，果期 6 ~ 7 月。

生于海拔 1200 ~ 2000m 的沟谷、林下或山坡密林下。全草入药；夏秋季采收，晒干。具有补虚止咳的功效。用于治疗肺虚咳嗽。

普通鹿蹄草（鹿衔草）

Pyrola decorata H. Andr.

常绿草本状亚灌木，高15～35cm。叶3～6，近基生，革质，长圆形、倒卵状长圆形或匙形，有时为卵状长圆形，长（3～）5～7cm，先端钝尖或钝圆，基部楔形或宽楔形，腹面深绿色，沿叶脉淡绿白色或稍白色，背面色较淡，常带紫色，有疏齿；叶柄较叶片短或近等长。总状花序有4～10花，花倾斜，半下垂；花冠碗形，淡绿色、黄绿色或近白色；花梗长5～9mm，腋间有膜质披针形苞片，与花梗近等长；萼片卵状长圆形，长3～6mm，先端尖；花瓣倒卵状椭圆形，长6～8（～10）mm，先端圆；雄蕊10，花药黄色；花柱长0.6～1cm，倾斜，上部弯曲，顶端有环状突起，稀不明显，柱头5圆裂。蒴果扁球形，径0.7～1cm。花期6～7月，果期7～8月。

生于海拔1000～1800m的山坡、林下或林缘。全草入药；夏秋季采收，除去杂质，晒干。具有补肾强骨、祛风除湿、止咳、止血等功效。用于治疗风湿痹痛、腰膝无力、月经过多、久咳。

■ 杜鹃花科 Ericaceae

满山红

Rhododendron mariesii Hemsl. et Wils.

落叶灌木，高达4m。小枝轮生，初被黄棕色柔毛，后无毛。叶常3片集生枝顶，卵状披针形或椭圆形，长4～7.5cm，中上部有细钝齿，幼时两面被黄棕色长柔毛，后近无毛；叶柄长5～8mm，近无毛。花芽卵圆形，芽鳞沿中脊被绢状柔毛，边缘有睫毛；花常2朵顶生，先花后叶；花梗直立，长0.5～1cm，被柔毛；花萼环状，被柔毛；花冠漏斗状，长3～3.5cm，淡紫红色，有深色斑点，无毛，5裂；雄蕊8～10，花丝无毛；子房密被淡黄棕色柔毛，花柱无毛。蒴果卵状椭圆形，长约1.2cm，果柄直，密被长柔毛。花期4～5月，果期6～11月。

生于海拔600～1500m的丘陵荒山或灌丛中。叶入药；春夏季采收，鲜用或晒干。具有活血调经、止痛、消肿、止血、平喘止咳、祛风利湿等功效。

羊踯躅（闹羊花、黄杜鹃）
Rhododendron molle (Blume) G. Don

落叶灌木。幼枝被柔毛和刚毛。叶纸质，长圆形或长圆状披针形，长 5 ～ 12cm，先端钝，有短尖头，基部楔形，边缘有睫毛，幼时腹面被微柔毛，背面被灰白色柔毛，有时仅叶脉有毛；叶柄长 2 ～ 6mm，被柔毛和疏生刚毛。总状伞形花序顶生，有 9 ～ 13 花，先花后叶或与叶同时开放；花梗长 1 ～ 2.5cm，被柔毛和刚毛；花萼被柔毛、睫毛和疏生刚毛；花冠漏斗状，长 4.5cm，金黄色，内面有深红色斑点，外面被绒毛，5 裂；雄蕊 5，花丝中下部被柔毛；子房圆锥状，被柔毛和刚毛，花柱无毛。蒴果圆柱状，长 2.5 ～ 3.5cm，被柔毛和刚毛。花期 3 ～ 5 月，果期 7 ～ 8 月。

生于海拔 900m 以下的山坡疏林、林缘或路旁灌丛中。花入药，有大毒；4 ～ 5 月花初开时采收，阴干或晒干。具有祛风除湿、散淤定痛等功效。用于治疗风湿痹痛、偏正头痛、跌扑肿痛、顽癣。

■ 紫金牛科 Myrsinaceae

九管血（血党）
Ardisia brevicaulis Diels

矮小灌木，具匍匐生根的根茎。茎高 10 ～ 15cm，不分枝。叶片坚纸质，长卵形，具不明显的边缘腺点，叶面无毛，背面被细微柔毛，侧脉 10 ～ 13 对。伞形花序，着生于侧生特殊花枝顶端；花萼基部连合，萼片披针形；花瓣粉红色，卵形；雄蕊较花瓣短，花药披针形；雌蕊与花瓣等长。果球形，鲜红色。花期 6 ～ 7 月，果期 10 ～ 12 月。

生于海拔 400 ～ 1000m 的山地林下或林缘。根入药；夏季采挖，洗净，鲜用或晒干。具有清热解毒、祛风止痛、活血消肿等功效。用于治疗咽喉肿痛、风火牙痛、风湿筋骨痛、腰痛、跌打损伤、无名肿毒。

朱砂根（铁凉伞、珍珠伞、两百斤）

Ardisia crenata Sims

灌木。茎无毛，无分枝。叶革质或坚纸质，椭圆形、椭圆状披针形或倒披针形，长 7 ～ 15cm，宽 2 ～ 4cm，具边缘腺点，背面绿色，有时具鳞片；叶柄长约 1cm。伞形或聚伞花序，花枝近顶端常具 2 ～ 3 叶，或无叶，长 4 ～ 16cm；花梗绿色，长 0.7 ～ 1cm；花长 4 ～ 6mm，萼片绿色，长约 1.5mm，具腺点。果实直径 6 ～ 8mm，鲜红色，具腺点。花期 5 ～ 6 月，果期 10 ～ 12 月。

生于海拔 100 ～ 1100m 的山坡疏林、沟谷、溪边林下。根入药；秋季采挖，洗净，晒干或鲜用。具有解毒消肿、活血止痛、祛风除湿等功效。用于治疗咽喉肿痛、风湿痹痛、跌打损伤。

紫金牛（矮地茶、平地木）

Ardisia japonica (Thunb.) Blume

小灌木或亚灌木，近蔓生。茎幼时被细微柔毛，后无毛。叶对生或轮生，椭圆形或椭圆状倒卵形，先端尖，基部楔形，长 4 ～ 7（～ 12）cm，宽 1.5 ～ 3cm，个别可达 4.5cm，具细齿，稍具腺点，两面无毛或背面仅中脉被微柔毛，侧脉 5 ～ 8 对；叶柄长 0.6 ～ 1cm，被微柔毛。亚伞形花序，腋生或生于近茎顶叶腋，花序梗长约 5mm；花梗长 0.7 ～ 1cm，常下弯，被微柔毛；花长 4 ～ 5mm，有时 6 数，萼片卵形，无毛，具缘毛，有时具腺点；花瓣粉红色或白色，无毛，密布腺点；花药背部具腺点。果实直径 5 ～ 6mm，鲜红色至黑色，稍具腺点。花期 5 ～ 6 月，果期 11 ～ 12 月。

生于海拔 100 ～ 1100m 的山坡、沟谷林下、林缘、油茶林下或竹林下。全株入药；夏秋季采挖，除去泥沙，洗净，干燥。具有化痰止咳、清利湿热、活血化淤等功效。用于治疗咳嗽、喘满痰多、湿热黄疸、经闭淤阻、风湿痹痛、跌打损伤。

■ 报春花科 Primulaceae

广西过路黄
Lysimachia alfredii Hance

多年生草本。茎高 10 ～ 45cm，被褐色柔毛。叶对生，茎端的 2 对密聚成轮生状，叶柄长 1 ～ 2.5cm，密被柔毛；叶卵形或披针形，长 3.5 ～ 11cm，两面被糙伏毛，密布黑色腺条和腺点。总状花序顶生，缩短成头状；苞片宽椭圆形或宽倒卵形，长 0.6 ～ 2.5cm，密被糙伏毛；花梗长 2 ～ 3mm；花萼裂片窄披针形，长 6 ～ 8mm，背面被毛，有黑色腺条；花冠黄色，长 1 ～ 1.5cm，筒部长 3 ～ 5mm，裂片披针形，密布黑色腺条；花丝长 5.5 ～ 8.5mm，下部合生成高 2.5 ～ 3.5mm 的筒状结构，花药长圆形，长约 1.5mm。蒴果直径 4 ～ 5mm。花期 4 ～ 5 月，果期 6 ～ 8 月。

生于海拔 200 ～ 900m 的林缘、山坡、沟边、田边、路旁。全草入药；全年可采收，洗净，鲜用或晒干。具有清热利湿、排石通淋等功效。用于治疗痢疾、热淋、石淋、白带、黄疸型肝炎。

临时救（聚花过路黄）
Lysimachia congestiflora Hemsl.

多年生草本。茎下部匍匐，上部及分枝上升，密被卷曲柔毛。叶对生，茎端的 2 对密聚；叶片卵形、宽卵形或近圆形，先端锐尖或钝，基部近圆或平截，两面多少被糙伏毛，近边缘常有暗红色或深褐色腺点。总状花序生于茎端和枝端，缩短成头状，具 2 ～ 4 花；花萼裂片披针形，背面被疏毛；花冠黄色，内面基部紫红色，裂片卵状椭圆形或长圆形，先端散生红色或深褐色腺点；花丝下部合生成筒状。

生于海拔 100 ～ 1500m 的路旁、沟边、田边、山坡、林缘。全草入药；夏秋季采收，洗净，晒干或烘干。具有祛风散寒、化痰止咳、解毒利湿、消积排石等功效。用于治疗风寒头痛、痰多、咽喉肿痛、泄泻、小儿疳积、结石、痈疽疮毒、毒蛇咬伤。

福建过路黄（福建排草）
Lysimachia fukienensis Hand.-Mazz.

多年生草本，高 20 ～ 80cm，全株无毛。茎直立，具 4 棱，有黑色腺条。叶互生或在茎下部近对生，有时 3 ～ 4 片轮生，无柄或近无柄；叶片披针形或窄披针形，长 4 ～ 14cm，基部楔形或近圆形，两面密布黑色腺条和腺点。花单生茎上部叶腋；花梗纤细，长 1.5 ～ 5cm；花萼裂片长 0.7 ～ 1.1cm，线状披针形，背面密布黑色腺条和腺点；花冠黄色，长约 1cm，深裂，裂片宽卵形，有黑色短腺条；花丝基部合生成高 2.5mm 的筒状结构，离生部分长 2.5 ～ 4mm，花药长圆形，长 1.2 ～ 2mm，背着药，纵裂。蒴果直径 3.5 ～ 5mm，有黑色腺条。花期 5 月，果期 7 月。

生于海拔 900m 以上的山地沟边、林缘、路旁草丛中。

全草入药；5 ～ 6 月采收带根的全草，洗净，晒干。具有疏风止咳、清热解毒等功效。用于治疗感冒咳嗽、咽喉肿痛、头痛目赤。

黑腺珍珠菜
Lysimachia heterogenea Klatt

多年生草本，全株无毛。茎直立，四棱形，高40～80cm。基生叶匙形，早期凋落；茎叶对生，无柄；叶片披针形或线状披针形，稀长圆状披针形，长4～13cm，先端尖或钝，基部钝或耳状半抱茎，两面密生黑色粒状腺点。总状花序顶生；苞片叶状；花梗长3～5mm；花萼裂片线状披针形，长4～5mm，背面有黑色腺条和腺点；花冠白色，长约7mm，筒部长约2.5mm，裂片卵状长圆形；雄蕊与花冠近等长，花丝贴生至花冠中部，分离部分长约3mm，花药线形，长约1.5mm，药隔顶端具胼胝状尖头。蒴果径约3mm。花期5～7月，果期8～10月。

生于海拔300～1200m的山谷、沟边湿地。全草入药；夏秋季采收，洗净，晒干。具有行气破血、消肿解毒等功效。用于治疗经闭、毒蛇咬伤。

■ 龙胆科 Gentianaceae

五岭龙胆

Gentiana davidii Franch.

草本，高 5～15cm。须根肉质。主茎粗壮，发达，有多数较长分枝。叶对生，椭圆状披针形，叶脉 1～3 条。花多数，簇生枝端呈头状，被包围于最上部的苞叶状的叶丛中；无花梗；花萼狭倒锥形，裂片不整齐；花冠蓝色，狭漏斗形，裂片卵状三角形，褶偏斜；雄蕊着生于冠筒下部，整齐。蒴果狭椭圆形。花果期 7～11 月。

生于海拔 700m 以上的山坡、林缘、路旁或灌丛中。全草入药；夏秋季采收，洗净，晒干或鲜用。具有清热解毒、利湿、明目等功效。用于治疗化脓性骨髓炎、淋证、目赤、痈肿。

匙叶草

Latouchea fokiensis Franch.

多年生草本，高 15～30cm，全株光滑无毛。茎直立，黄绿色，不分枝。叶大部分基生，数对，甚大，有短柄，倒卵状匙形，连柄长 8～10cm，宽 3～6cm，先端圆形，基部渐狭成柄，边缘有微波状齿，羽状叶脉在背面明显，叶柄扁平，具宽翅；茎生叶 2～3 对，无柄，匙形，明显小于基生叶，长 1.5～2cm，宽 0.7～1cm，先端钝，基部圆形，半抱茎，边缘有微波状齿，羽状叶脉在背面明显。轮生聚伞花序，每轮有花 5～8 朵，每个花下有 2 枚小苞片，小苞片线状披针形；花梗斜伸，黄绿色；花 4 数；花萼长 3.5～4.5mm，深裂至下部，萼筒短，裂片线状披针形，先端渐尖，叶脉在背面明显；花冠淡绿色，钟形，长 1～1.2cm，半裂，裂片卵状三角形，先端渐尖，全缘；雄蕊着生于花冠裂片间弯缺处，与裂片互生，花丝短，线形，花药小，椭圆形；子房无柄，花柱线形，柱头小，2 裂。蒴果无柄，卵状圆锥形，长 1.5～1.8cm，上端扭曲，有宿存的喙状花柱。种子深褐色，矩圆形，表面具纵脊状突起。花果期 3～11 月。

生于海拔 1500m 以上的山地林下或林缘。全草入药；夏秋季采收，洗净，晒干。具有活血化瘀、清热止咳等功效。用于治疗腹内血瘀痞块、劳伤咳嗽。

獐牙菜（龙胆草）

Swertia bimaculata (Sieb. et Zucc.) Hook. f. et Thoms. ex C. B. Clarke

　　草本，高 0.3 ～ 1.4m。根细，棕黄色。茎直立，圆形，中空，中部以上分枝。基生叶在花期枯萎；叶片椭圆形至卵状披针形，叶脉 3 ～ 5 条，弧形，在背面明显突起，最上部叶苞叶状。大型圆锥状复聚伞花序疏松，开展，多花；花 5 数；花萼绿色；花冠黄白色，上部具多数紫色小斑点，裂片中部有 2 个黄绿色、半圆形的大腺斑。蒴果狭卵形。花果期 8 ～ 11 月。

　　生于海拔 850m 以上的山地林缘、路旁或荒坡。全草入药；夏秋季采收，切段，晒干。具有清热解毒、利湿、疏肝利胆等功效。用于治疗急慢性肝炎、胆囊炎、淋证、肠胃痛、感冒发热、咽喉痛、牙痛。

细茎双蝴蝶

Tripterospermum filicaule (Hemsl.) H. Smith

　　多年生缠绕草本。基生叶卵形，长 3 ～ 5cm，先端渐尖或尖，基部宽楔形；茎生叶卵形、卵状披针形或披针形，长 4 ～ 11cm，先端渐尖，基部近圆形或近心形，叶柄稍扁，长 1 ～ 2cm。单花腋生，或聚伞花序具 2 ～ 3 花；花梗长 0.3 ～ 1.1cm；花萼钟形，萼筒长 0.6 ～ 1.2cm，有窄翅，裂片线状披针形或线形，基部向萼筒下延成翅；花冠蓝色、紫色或粉红色，裂片卵状三角形，褶半圆形或近三角形；花柱长 1.2 ～ 1.5cm。浆果长圆形，长 2 ～ 4cm。种子椭圆形或近卵形，三棱状。花果期 8 月至翌年 1 月。

　　生于海拔 500 ～ 1800m 的山地林缘、林下或灌丛中。全草入药；全年可采收，洗净，晒干或鲜用。具有清肺止咳、凉血止血、利尿解毒等功效。用于治疗肺热咳嗽、肺痈、肺痨咯血、乳痈、肾炎、疮痈疔肿、创伤出血、毒蛇咬伤。

■ 夹竹桃科 Apocynaceae

紫花络石
Trachelospermum axillare Hook. f.

藤状灌木，具乳汁，高达 3m。除花梗、苞片及萼片外，其余无毛。叶革质，对生或 3 片轮生，长圆形或倒卵形。聚伞花序腋生或近顶生；花小；花萼裂片卵圆形；花冠初期为淡红色，后变为白色，近花冠喉部紧缩，花冠裂片卵圆形；子房具长柔毛。核果卵形。花期 4～7 月，果期 6～11 月。

生于海拔 200～1100m 的沟谷、溪边、林缘或疏林中。藤茎入药；夏秋季采收，洗净，切段，晒干。具有祛风解表、活络止痛等功效。用于治疗感冒、风湿、跌打损伤、痰喘咳嗽、肺痨。

■ 萝藦科 Asclepiadaceae

牛皮消（耳叶牛皮消、白首乌、野葡萄藤）
Cynanchum auriculatum Royle ex Wight

　　藤本。块根肥厚。茎被微毛。叶对生，膜质，被微毛，宽卵形，基部心形。聚伞花序伞房状，花多数；花冠白色，裂片反卷，内面具疏柔毛；副花冠浅杯状；柱头圆锥状，顶端 2 裂。蓇葖果双生，披针形。花期 6 ～ 9 月，果期 7 ～ 11 月。

　　生于海拔 1500m 以下的山地林缘、沟谷、溪边或灌丛中。根入药；秋季采挖，洗净泥土，除去残茎和须根，晒干。具有解毒消肿、健胃消积等功效。用于治疗食积腹痛、胃痛、小儿疳积、痢疾；外用可治疗毒蛇咬伤、疔疮。

柳叶白前（水杨柳）
Cynanchum stauntonii (Decne.) Schltr. ex Levl.

　　半灌木，高约 1m。根茎节上丛生多数须根。叶对生，纸质，狭披针形；中脉在叶背显著，侧脉约 6 对。伞形聚伞花序腋生；花萼 5 深裂；花冠紫红色，内面具长柔毛；副花冠裂片盾状；柱头微凸，包在花药的薄膜内。蓇葖果单生，长披针形。花期 5 ～ 8 月，果期 9 ～ 10 月。

　　生于海拔 180 ～ 1000m 的溪边、河岸、山坡路旁阴湿处。根及根茎入药；秋季采挖，除去杂质，洗净，晒干。具有降气、消痰、止咳等功效。用于治疗肺气壅实、咳嗽痰多、胸满喘急。

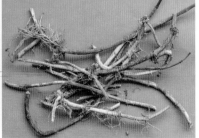

■ 茜草科 Rubiaceae

水团花

Adina pilulifera (Lam.) Franch. ex Drake

常绿灌木或小乔木。叶对生，厚纸质，椭圆形、椭圆状披针形、倒卵状长圆形或倒卵状披针形，先端短尖或渐尖，基部楔形，侧脉 6～12 对，脉腋有疏毛；叶柄长 2～6mm；托叶 2 裂，早落。头状花序腋生，稀顶生；花序轴单生，不分枝；小苞片线形或线状棒形；花序梗长 3～4.5cm，中部以下有轮生小苞片 5 枚；萼筒被毛，萼裂片线状长圆形或匙形；花冠白色，窄漏斗状，冠筒被微柔毛，裂片卵状长圆形。蒴果楔形。花期 6～7 月。

生于海拔 800m 以下的山谷林中、沟谷、溪边。枝叶入药；全年可采收，切碎，鲜用或晒干。具有清热解毒、祛湿、散淤止痛、止血敛疮等功效。用于治疗感冒发热、咳嗽、咽喉肿痛、肠炎、痢疾、浮肿、湿疹、痈肿疮毒、创伤出血。

栀子（江栀子）
Gardenia jasminoides Ellis

灌木，高达 3m。叶对生或 3 片轮生，长圆状披针形、倒卵状长圆形、倒卵形或椭圆形，长 3 ~ 25cm，宽 1.5 ~ 8cm，先端渐尖或短尖，基部楔形，两面无毛，侧脉 8 ~ 15 对；叶柄长 0.2 ~ 1cm；托叶膜质，基部合生成鞘。花芳香，单朵生于枝顶；花梗长 3 ~ 5mm；萼筒倒圆锥形或卵形，长 0.8 ~ 2.5cm，有纵棱，萼裂片 5 ~ 8，披针形或线状披针形，长 1 ~ 3cm，宿存；花冠白色或乳黄色，高脚碟状，冠筒长 3 ~ 5cm，喉部有疏柔毛，裂片 5 ~ 8，倒卵形或倒卵状长圆形，长 1.5 ~ 4cm；花药伸出；柱头纺锤形，伸出。果卵形、近球形、椭圆形或长圆形，黄色或橙红色，长 1.5 ~ 7cm，径 1.2 ~ 2cm，有翅状纵棱 5 ~ 9，宿存萼裂片长达 4cm，宽 6mm。种子多数，近圆形。花期 3 ~ 7 月，果期 5 月至翌年 2 月。

生于海拔 1000m 以下的山坡灌丛、荒坡、林缘。果实入药；10 ~ 11 月果实成熟呈红黄色时采收，除去果梗和杂质，置蒸笼内蒸至上气或置沸水中略烫，取出，晒干或烘干。具有泻火除烦、清热利湿、凉血解热等功效。用于治疗热病心烦、湿热黄疸、淋证涩痛、血热吐衄、目赤红肿、火毒疮疡；外用有消肿止痛功效，可用于治疗扭伤、挫伤。

白花蛇舌草

Hedyotis diffusa Willd.

柔弱草本，高 15 ~ 50cm，披散纤细。叶对生，无柄，线形；中脉在腹面下陷，侧脉不明显；托叶基部合生。花单生或偶双生于叶腋；花冠白色，漏斗形；雄蕊生于冠管喉部；柱头 2 裂。蒴果膜质，扁球形。花期春季。

生于海拔 900m 以下潮湿的田埂、沟边、湿润的旷地、路旁草丛中。全草入药；夏秋季采收，除去杂质，洗净，鲜用或晒干。具有清热解毒、利湿等功效。用于治疗肠痈、咽喉肿痛、湿热黄疸、小便不利、疮疖肿毒、毒蛇咬伤。大量临床应用与研究表明，白花蛇舌草对肿瘤有一定的疗效。

茜草（小活血、红内消）

Rubia cordifolia L.

攀缘状草本，长 1.5 ~ 3.5m。根茎和其节上的须根均为红色；茎多条从根茎的节上发出，有 4 棱，棱上生倒生皮刺。叶通常 4 片轮生，纸质，披针形或长圆状披针形，基部心形，边缘有齿状皮刺，两面粗糙，脉上有微小皮刺；基出脉 3 条；叶柄有倒生皮刺。聚伞花序腋生和顶生，多次分歧，有花 10 余朵至数十朵；花冠淡黄色。果实球形，橘黄色。花期 8 ~ 9 月，果期 10 ~ 11 月。

生于海拔 50 ~ 800m 的山坡路旁、沟边、灌丛及林缘。根入药；冬季采挖，洗净，晒干。具有凉血、祛淤、止血、通经等功效。用于治疗吐血、衄血、崩漏、外伤出血、淤阻经闭、关节痹痛、跌打肿痛。

钩藤

Uncaria rhynchophylla (Miq.) Miq. ex Havil.

藤本。嫩枝较纤细，方柱形或略有4棱角。叶纸质，椭圆形，背面有时被白粉；托叶狭三角形。头状花序单生叶腋，总花梗具一节；花近无梗；花萼管疏被毛；花冠管外面无毛，花冠裂片卵圆形；柱头棒形。果序直径10～12mm；小蒴果被短柔毛，宿存萼裂片近三角形。花期5～6月，果期8～10月。

生于海拔220～800m的山谷、溪边、林缘或疏林中。带钩茎枝入药；秋冬季剪下带钩的茎枝，晒干。具有息风定惊、清热平肝等功效。用于治疗肝风内动、惊痫抽搐、高热惊厥、感冒夹惊、小儿惊啼、妊娠子痫、头痛眩晕。

■ 马鞭草科 Verbenaceae

华紫珠（紫珠）
Callicarpa cathayana H. T. Chang

灌木，高 1～3m。小枝纤细，有不明显的皮孔。叶椭圆形至卵状披针形，顶端渐尖，基部狭楔形，边缘密具细锯齿，两面仅脉上有毛，背面有红色腺点；叶柄长 2～8mm。聚伞花序纤细，有 3～5 次分歧，总花梗稍长于叶柄或近等长；花萼杯状，有星状毛和红色腺点，萼齿不明显；花冠淡红紫色，疏生星状毛，有红色腺点；花丝与花冠近等长，花药长圆形，药室孔裂；子房无毛。果实紫色，球形，直径 2mm。花期 5～7 月，果期 8～11 月。

生于海拔 1200m 以下的山坡、灌丛、沟谷或林缘。叶入药；夏季采收，晒干。具有收敛止血、清热解毒等功效。用于治疗吐血、衄血、咯血、牙龈出血、尿血、便血、崩漏、痈疽肿毒、外伤出血、毒蛇咬伤、烧烫伤。

兰香草（山薄荷）
Caryopteris incana (Thunb.) Miq.

亚灌木。嫩枝圆柱形，略带紫色，被灰白色柔毛。叶有短柄，叶卵形、卵状披针形或长圆形，边缘有粗齿，被短柔毛，背面灰白色，两面有黄色腺点。聚伞花序腋生；无苞片和小苞片；花萼杯状，顶端 5 深裂，外面有茸毛；花冠淡蓝色或淡紫色，二唇形，外被短柔毛，下唇中裂片较大，边缘流苏状，花冠喉部有毛环；雄蕊 4；子房顶端被短毛。蒴果倒卵状球形，上半部有毛，果瓣有宽翅。花果期 6～10 月。

生于海拔 100～800m 的山坡、路旁、林下或山顶灌草丛中。全株入药；夏秋季采收，洗净，切段，晒干或鲜用。具有疏风解表、祛寒除湿、散淤止痛等功效。用于治疗风寒感冒、咳嗽、头痛、风湿关节痛、跌打肿痛、产后淤血腹痛、皮肤瘙痒、湿疹。

大青（路边青、大青叶、板蓝根）
Clerodendrum cyrtophyllum Turcz.

灌木或小乔木。茎枝内髓白色、坚实。叶长椭圆形至卵状椭圆形，叶片长为宽的 4 倍以上，顶端尖或渐尖，基部圆形或宽楔形，全缘，无毛；叶柄长 1.5～4.5cm。伞房状聚伞花序，顶生或腋生，花 10 朵以上，有柑橘香味；花萼粉红色，结果时增大，变紫红色；花冠白色，顶端 5 裂。果实成熟时蓝紫色。花果期 6～10 月。

生于海拔 1700m 以下的次生林中、路旁、林缘。叶入药；夏秋季采收，洗净，鲜用或晒干。具有清热解毒、凉血止血等功效。用于治疗外感风热、咳喘、热病发斑、咽喉肿痛、急性肝炎、疔疮肿毒、丹毒。

■ 唇形科 Labiatae

金疮小草（白毛夏枯草、筋骨草）
Ajuga decumbens Thunb.

一年生或二年生草本，平卧或上升，具匍匐茎。茎被白色长柔毛或绵状长柔毛，幼嫩部分尤多，绿色，老茎有时呈紫绿色。基生叶较多，较茎生叶长而大，叶柄具狭翅，呈紫绿色或浅绿色，被长柔毛；叶片薄纸质，匙形或倒卵状披针形，先端钝至圆形，基部渐狭，下延，边缘具不整齐的波状圆齿或几全缘，具缘毛，两面被疏糙伏毛或疏柔毛，尤以脉上为密。轮伞花序多花，排列成间断长 7 ～ 12cm 的穗状花序，位于下部的轮伞花序疏离，上部者密集；下部苞叶与茎叶同型，匙形，上部者呈苞片状，披针形；花萼漏斗状，萼齿 5；花冠淡蓝色或淡红紫色，稀白色，筒状，挺直，基部略膨大，外面被疏柔毛，内面仅冠筒被疏微柔毛，近基部有毛环，冠檐二唇形，上唇短，直立，圆形，顶端微缺，下唇宽大，伸长，3 裂，中裂片狭扇形或倒心形，侧裂片长圆形或近椭圆形；雄蕊 4，二强，伸出；花柱超出雄蕊。小坚果倒卵状三棱形。花期 3 ～ 7 月，果期 5 ～ 11 月。

生于海拔 200 ～ 1400m 的溪边、路旁及湿润的草坡上。全草入药；夏秋季采收，洗净，晒干。具有清热解毒、化痰止咳、凉血散血等功效。用于治疗肺热咳嗽、咽喉肿痛、肺痈、目赤肿痛、痢疾、痈肿疔疮、毒蛇咬伤、跌打损伤。临床用于治疗老年性慢性支气管炎、呼吸道急性炎症、高血压、疮疡等。

益母草
Leonurus artemisia (Laur.) S. Y. Hu

一年生或二年生草本，高 60 ～ 100cm。茎直立，四棱形，被微毛。叶对生；叶形多种；基生叶具长柄，叶片略呈圆形，直径 4 ～ 8cm，5 ～ 9 浅裂，裂片具 2 ～ 3 钝齿，基部心形；茎中部叶有短柄，3 全裂；最上部叶不分裂，线形，近无柄，腹面绿色，被糙伏毛，背面淡绿色，被疏柔毛及腺点。轮伞花序腋生，具花 8 ～ 15 朵；小苞片针刺状，无花梗；花萼钟形，外面贴生微柔毛，先端 5 齿裂，具刺尖，下方 2 齿比上方 2 齿长，宿存；花冠唇形，淡红色或紫红色，外面被柔毛，上唇与下唇几等长，上唇长圆形，全缘，边缘具纤毛，下唇 3 裂，中央裂片较大，倒心形；雄蕊 4，二强，着生在花冠内面近中部，花丝疏被鳞状毛，花 2 室；雌蕊 1，子房 4 裂，花柱丝状，略长于雄蕊，柱头 2 裂。小坚果褐色，三棱形，上端较宽而平截，基部楔形。花期 6 ～ 9 月，果期 7 ～ 10 月。

生于海拔 1700m 以下的田埂、路旁、河堤、村旁或山坡草地。全草入药；花期收割全草，除去杂质，晒干后打成捆。具有活血调经、利尿消肿、清热解毒等功效。用于治疗月经不调、经闭、痛经、淤血腹痛、产后血晕、小便不利、水肿。

硬毛地笋（泽兰、观音笋、田螺菜）

Lycopus lucidus Turcz. var. *hirtus* Regel

多年生草本，高 0.6 ～ 1.7m。根茎横走，具节，节上密生须根，先端肥大呈圆柱形，节上具鳞叶。茎直立，四棱形，具槽，茎棱上被向上小硬毛，节上密集硬毛。叶披针形，暗绿色，腹面密被细刚毛状硬毛，叶缘具缘毛，背面主要在肋及脉上被刚毛状硬毛，两端渐狭，边缘有锐齿。轮伞花序无梗，轮廓圆球形，多花密集；小苞片先端刺尖，位于外方者超过花萼，位于内方者短于或等于花萼；花萼钟形，萼齿 5，有刺尖头，边缘有小缘毛；花冠白色，冠檐不明显二唇形，上唇近圆形，下唇 3 裂，中裂片较大；雄蕊仅前对能育，超出花冠，先端略下弯，花丝丝状，无毛，后对雄蕊退化，丝状，先端棍棒状；花柱伸出花冠，先端相等 2 浅裂。小坚果倒卵圆状四边形，褐色，边缘加厚，背面平，腹面具棱。花期 6 ～ 9 月，果期 8 ～ 11 月。

生于海拔 150 ～ 1200m 的山区沼泽地、水边、沟谷等潮湿处。全草入药；夏秋季采收，切段，晒干。具有活血化瘀、行水消肿、解毒消痈等功效。用于治疗月经不调、痛经、经闭、产后腹痛、水肿、跌打损伤、疮痈肿毒。

石香薷（香薷、青香薷、细叶香薷）
Mosla chinensis Maxim.

芳香草本。茎高 9 ～ 40cm，纤细，被白色疏柔毛。叶线状披针形，两面被疏短柔毛。假穗状花序生于枝顶；花萼钟状；花冠白色或淡红色；雄蕊及雌蕊内藏。小坚果球形，灰褐色。花期 6 ～ 7 月，果期 7 ～ 9 月。

生于海拔 200 ～ 1000m 的山坡荒地、路旁、疏林下岩石缝中。全草入药；夏秋季茎叶茂盛、花初开时采割，阴干或晒干，捆成小把。具有发汗解暑、和中化湿、行水消肿等功效。用于治疗暑湿感冒、恶寒发热、头痛无汗、腹痛吐泻、小便不利。

牛至（香薷草、白花茵陈）
Origanum vulgare L.

多年生草本或半灌木，芳香。根茎斜生，多少木质。茎直立或近基部伏地，通常高 25 ～ 60cm，多少带紫色，具倒向或微蜷曲的短柔毛。叶片卵圆形或长圆状卵圆形，先端钝，基部宽楔形至近圆形或微心形，全缘或有远离的小锯齿，腹面亮绿色，常带紫晕，背面淡绿色，明显被柔毛及凹陷的腺点。花序呈伞房状圆锥花序，开张，多花密集；花萼钟状，萼齿 5，三角形，等大；花冠紫红色、淡红色至白色，管状钟形，两性花冠筒显著超出花萼，雌性花冠筒短于花萼，冠檐明显二唇形，上唇直立，卵圆形，先端 2 浅裂，下唇开张，3 裂，中裂片较大。小坚果卵圆形。花期 7 ～ 9 月，果期 10 ～ 12 月。

生于海拔 500 ～ 2000m 的山顶草丛、山坡、林下或路旁草丛。全草入药；7 ～ 8 月开花前割取地上部分，鲜用或扎把晒干。具有解表、理气、清暑、利湿等功效。

用于治疗感冒发热、头痛身重、中暑、腹痛吐泻、水肿、带下、小儿疳积、皮肤瘙痒、跌打损伤。

夏枯草

Prunella vulgaris L.

多年生草本。根茎匍匐，在节上生须根。茎高 20～30cm。茎叶卵状长圆形或卵圆形，大小不等，先端钝，基部圆形、截形至宽楔形，下延至叶柄成狭翅，边缘具不明显的波状齿或几近全缘。轮伞花序密集，再形成顶生穗状花序，每一轮伞花序下承托有浅紫红色、宽心形的叶状苞片；花萼钟形；花冠紫色、蓝紫色或红紫色，略超出花萼，冠檐二唇形，上唇近圆形，内凹，多少呈盔状，下唇约为上唇的 1/2，3 裂，中裂片较大，近倒心形，先端边缘具流苏状小裂片。小坚果黄褐色，长圆状卵珠形。花期 4～6 月，果期 7～10 月。

生于海拔 2000m 以下的林地、荒坡、草地、溪边及路旁等湿润地上。果穗入药；夏季花穗变成棕红色时，剪下花穗，除去杂质，晒干。具有清肝泻火、明目、散结消肿等功效。用于治疗目赤肿痛、目珠夜痛、头痛眩晕、瘰疬、瘿瘤、乳痈、乳癣、乳房胀痛。

香茶菜（铁棱角）

Rabdosia amethystoides (Benth.) Hara

多年生直立草本。根茎肥大，疙瘩状，木质。茎高 0.3～1.5m，四棱形，具槽，密被向下贴生的疏柔毛或短柔毛。叶卵状圆形、卵形至披针形，大小不一，生于主茎中、下部的较大，生于侧枝及主茎上部的较小，先端渐尖、急尖或钝，基部骤然收缩后长渐狭或阔楔状渐狭而成具狭翅的柄，边缘除基部全缘外具圆齿，腹面橄榄绿色，被疏或密的短刚毛，背面较淡，被疏柔毛至短绒毛，密被白色或黄色小腺点。花序为由聚伞花序组成的顶生圆锥花序，疏散，聚伞花序多花，分枝纤细而叉开；苞叶与茎叶同型，通常卵形，较小；花萼钟形，外面疏生极短硬毛或近无毛，满布白色或黄色腺点，萼齿 5，近相等，果萼直立，阔钟形；花冠白色、蓝白色或紫色，上唇带紫蓝色，外疏被短柔毛，内面无毛，冠檐二唇形，上唇先端具 4 圆裂，下唇阔圆形；雄蕊及花柱与花冠等长，均内藏。成熟小坚果卵形，被黄色及白色腺点。花期 6～10 月，果期 9～11 月。

生于海拔 800m 以上的林下、林缘或路旁草丛中的湿润处。全草入药；夏秋季开花时割取地上部分，晒干。具有清热利湿、活血散淤、解毒消肿等功效。用于治疗淋证、水肿、湿热黄疸、关节痹痛、咽喉肿痛、乳痈、经闭、肺痈、疳积、跌打肿痛、毒蛇咬伤。

  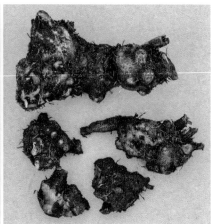

半枝莲

Scutellaria barbata D. Don

草本。茎高 12 ～ 35cm，四棱形。叶对生，近无柄；叶片三角状卵圆形，边缘有浅齿，侧脉 2 ～ 3 对。花单生于茎枝上部叶腋组成假穗状花序，花偏向一侧；花冠紫蓝色，外被短柔毛，二唇形；雄蕊 4，2 强；子房 4 裂。小坚果褐色，扁球形。花果期 4 ～ 7 月。

生于海拔 1500m 以下的河岸、溪边、水田或路旁湿润处。全草入药；夏秋季采收，晒干或阴干。具有清热解毒、化淤、利尿等功效。用于治疗疔疮肿毒、咽喉肿痛、跌扑伤痛、水肿、黄疸、癌症、蛇虫咬伤。

■ 茄科 Solanaceae

红丝线

Lycianthes biflora (Lour.) Bitter

亚灌木，高 50 ～ 150cm，全株密被淡黄色的单毛或绒毛。茎上部叶假双生，大小不相等；大叶片椭圆状卵形，偏斜；小叶片宽卵形。花 2 ～ 3 朵生于叶腋内；萼杯状，萼齿 10，钻状线形；花冠淡紫色或白色，顶端深 5 裂，花冠筒隐于萼内；子房卵形。浆果球形，绯红色，宿萼盘形。花期 5 ～ 8 月，果期 7 ～ 11 月。

生于海拔 500 ～ 1200m 的沟谷、林缘或林下阴湿处。全草入药；夏季采收，洗净，鲜用。具有清热解毒、祛痰止咳等功效。用于治疗感冒、虚劳咳嗽、气喘、消化不良、疟疾、跌打损伤、外伤出血、疮疥。

■ 玄参科 Scrophulariaceae

鞭打绣球（小铜锤）
Hemiphragma heterophyllum Wall.

多年生铺散状匍匐草本，全体被短柔毛。茎纤细，多分枝，节上生根。叶二型，主茎上的叶对生；叶柄短，叶片圆形、心形至肾形，顶端钝或渐尖，基部截形、微心形或宽楔形，边缘共有锯齿 5 ～ 9 对，叶脉不明显；分枝上的叶簇生，稠密，针形，有时枝顶端的叶稍扩大为条状披针形。花单生叶腋，近于无梗；花萼裂片 5，近相等，三角状狭披针形；花冠白色至玫瑰色，辐射对称，花冠裂片 5，大而开展；雄蕊 4，内藏。果实卵球形，红色，有光泽。花期 4 ～ 6 月，果期 6 ～ 8 月。

生于海拔 1800m 以上的高山草地或石缝中。全草入药；夏秋季采收，切段晒干或鲜用。具有清热解毒、活血止痛、祛风除湿等功效。用于治疗经闭腹痛、月经不调、风湿痹痛、咽喉肿痛、肺痨、乳蛾、疮疡、疝气。

泥花草
Lindernia antipoda (L.) Alston

一年生草本。茎高达 30cm，茎枝无毛，基部匍匐，下部节上生根。叶长圆形、长圆状披针形、长圆状倒披针形或近线状披针形，先端急尖或圆钝，基部楔形、下延有宽短叶柄，而近于抱茎，边缘有少数不明显锯齿至有明显锐锯齿或近全缘，两面无毛，叶脉羽状。花多在茎枝顶端呈总状，花序长达 15cm，有 2 ～ 20 花；苞片钻

形；花梗长达 1.5cm，在果期平展或反折；花萼基部连合，萼齿 5，线状披针形；花冠紫色、紫白色或白色，上下唇近等长；后方 1 对雄蕊能育，前方 1 对退化，花丝顶端呈钩状弯曲，内有腺体；花柱细，柱头片状。蒴果圆柱形，顶端渐尖，长度约为宿萼的 2 倍。花果期春季至秋季。

生于稻田、田埂、荒地和路旁低湿处。全草入药；夏秋季采收，鲜用或晒干。具有清热解毒、利尿通淋、祛瘀消肿等功效。用于治疗肺热咳嗽、咽喉痛、目赤肿痛、痈疮疔毒、毒蛇咬伤、淋证。

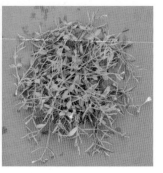

玄参

Scrophularia ningpoensis Hemsl.

多年生大草本，高可达 1m 以上。根数条，纺锤状或胡萝卜状。茎方形，有沟纹。下部的叶对生，上部的有时互生，柄短；叶片卵形至披针形，基部楔形、圆形或近心形，边缘具细锯齿。聚伞圆锥花序大而疏散，通常在各轴上有腺毛，小聚伞花序常 2 ～ 4 次分歧；花萼 5 裂近达基部，裂片圆形，边缘膜质；花冠褐紫色，上唇明显长于下唇；退化雄蕊近于圆形。蒴果卵形。

生于海拔 1700m 以下的溪边、丛林及高草丛中。根入药；冬季茎叶枯萎时采挖根部，除去根茎、子芽、须根及泥沙，日晒或烘焙至半干，堆放 3 ～ 6 天，然后又进行烘焙和堆放，反复数次直至干燥。具有清热凉血、滋阴降火、解毒散结等功效。用于治疗热病伤阴、温毒发斑、津伤便秘、目赤、咽喉痛、瘰疬、痈疽疮毒。

紫萼蝴蝶草（紫色翼萼）

Torenia violacea (Azaola) Pennell

直立，高 8 ～ 35cm，自近基部起分枝。叶具长柄；叶片卵形或长卵形，先端渐尖，基部楔形或多少截形，向上逐渐变小，边缘具略带短尖的锯齿，两面疏被柔毛。花梗长约 1.5cm，果期梗长可达 3cm，在分枝顶部排成伞形花序或单生叶腋；萼矩圆状纺锤形，具 5 翅，果期长达 2cm，翅略带紫红色，基部圆形；花冠白色；上唇多少直立，近于圆形；下唇三裂片彼此近于相等，各有 1 蓝紫色斑块，中裂片中央有 1 黄色斑块。花果期 8 ～ 11 月。

生于海拔 200 ～ 2000m 的山坡草地、林下、田边及路旁潮湿处。全草入药；夏秋季采收，晒干。具有清热解毒、消食化积、解暑等功效。用于治疗小儿疳积、吐泻、痢疾、目赤、黄疸、血淋、疔疮、毒蛇咬伤。

■ 爵床科 Acanthaceae

白接骨（橡皮草、接骨草）
Asystasia neesiana (Wall.) Nees

　　草本。根茎白色，竹节状，富含黏液。茎高达 1m，略呈四棱形。叶椭圆状矩圆形，叶片纸质，侧脉 6～7 条，两面凸起，疏被微毛。总状花序顶生；花单生或对生；花萼裂片 5；花冠淡紫红色，漏斗状，外疏生腺毛，花冠筒细长；雄蕊 2 强，着生于花冠喉部。蒴果。花期 8～10 月，果期 10～12 月。

　　生于海拔 150～1600m 的山坡、沟谷、溪边或林下阴湿处。根茎入药；夏秋季采挖，洗净，晒干或鲜用。具有化淤止血、续筋接骨、利尿消肿、清热解毒等功效。用于治疗吐血、便血、外伤出血、跌打淤肿、扭伤骨折、风湿肿痛、咽喉肿痛。

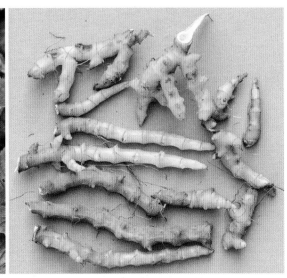

■ 苦苣苔科 Gesneriaceae

旋蒴苣苔（猫耳朵、牛耳草）
Boea hygrometrica (Bunge) R. Br.

　　多年生草本。叶全部基生，莲座状，圆卵形或卵形，两面被白色贴伏长柔毛，边缘具粗齿或波状浅齿。聚伞花序伞状，2～5 条，每花序具 2～5 花；花序梗长 10～18cm，被淡褐色短柔毛和腺状柔毛；花梗被短柔毛；花萼钟状，5 裂至近基部，裂片稍不等；花冠淡蓝紫色，二唇形，上唇 2 裂，下唇 3 裂；雄蕊 2，花丝扁平，着生于花冠基部，退化雄蕊 3，极小；雌蕊不伸出花冠外，子房卵状长圆形，被短柔毛，柱头 1，头状。蒴果长圆形，外面被短柔毛，螺旋状卷曲。花期 7～8 月，果期 9 月。

　　生于海拔 200～1300m 的山坡、路旁岩石上。全草入药；全年可采收，洗净，鲜用或晒干。具有散淤止血、化痰止咳、清热解毒等功效。用于治疗吐血、便血、创伤出血、吐泻、中耳炎、小儿疳积、食积、咳嗽痰喘、跌打损伤等。

羽裂唇柱苣苔
Chirita pinnatifida (Hand.-Mazz.) Burtt

多年生草本。叶基生；叶片草质，长圆形、披针形或狭卵形，顶端急尖或微钝，基部楔形或宽楔形，边缘不规则羽状浅裂，或有牙齿或呈波状，两面疏被短伏毛，侧脉每侧3～5条；叶柄扁，被柔毛。花序有1～4花；花序梗被柔毛；苞片对生，长圆形、卵形或倒卵形，被柔毛；花梗密被柔毛及腺毛；花萼5裂至基部；花冠紫色或淡紫色，二唇形，被短柔毛；雄蕊的花丝着生于花冠基部；退化雄蕊着生于花冠基部，有疏柔毛；花盘环状；雌蕊子房及花柱密被短柔毛。蒴果被短柔毛。花期6～9月。

生于海拔800m以上的山地溪边或沟谷岩石上。全草入药；全年可采收，除去杂质，洗净，晒干。用于治疗痢疾、跌打损伤。

苦苣苔（石黄狼）
Conandron ramondioides Sieb. et Zucc.

多年生草本。根茎粗短。芽密被黄褐色长柔毛。叶1～2片；叶片草质或薄纸质，椭圆形或椭圆状卵形，顶端渐尖，基部宽楔形或近圆形，边缘有浅钝齿，两面无毛，偶尔背面沿脉有疏柔毛，侧脉每侧8～11条；叶柄扁，具翅，无毛。聚伞花序1，2～3次分歧，有花6～23朵，分枝及花梗被疏柔毛或近无毛；花序梗被疏柔毛或近无毛，有时有2条狭纵翅；苞片对生，线形；花萼5全裂，裂片狭披针形，外面被疏柔毛；花冠紫色，无毛，裂片5，三角状狭卵形，顶端钝；雄蕊5，无毛，药隔突起膜质。蒴果狭卵球形或长椭圆球形，花柱宿存。花期6～8月，果期9～11月。

生于海拔1000m以上的山坡、山谷、溪边、林中阴

湿石壁上。根茎或全草入药；秋季采收，洗净，晒干。具有清热解毒、消肿止痛等功效。用于治疗毒蛇咬伤、疔疮、痈肿、跌打损伤。

闽赣长蒴苣苔

Didymocarpus heucherifolius Hand.-Mazz.

多年生草本，根茎粗壮。基生叶 5 ～ 6；叶片纸质，心状圆卵形或心状三角形，顶端微尖，基部心形，边缘浅裂，两面被柔毛或背面只沿脉被短柔毛，基出脉 4 ～ 5 条；叶柄、花序梗密被开展的锈色长柔毛。花序 1 ～ 2 次分歧，有 3 ～ 8 花；花序梗长（6 ～）10 ～ 18cm；苞片椭圆形或狭椭圆形，边缘有 1 ～ 2 齿，被长睫毛；花梗被短腺毛；

花萼 5 裂达基部；裂片宽披针形或倒披针状狭线形；花冠粉红色，二唇形，外面被短柔毛，内面无毛；上唇 2 深裂，裂片卵形，下唇 3 深裂，裂片长圆形，顶端圆形；雄蕊的花丝着生于花冠基部；退化雄蕊 3，着生于花冠基部；花盘环状；雌蕊子房被短柔毛，有子房柄，柱头扁头形。蒴果线形或线状棒形，被短柔毛。花期 5 月。

生于海拔 200 ～ 1000m 的山谷路边、溪边石上或林下。全草入药；夏秋季采收，洗净，鲜用。具有解毒、消肿等功效。

长瓣马铃苣苔（绢毛马铃苣苔）
Oreocharis auricula (S. Moore) Clarke

多年生无茎草本。根茎粗短。叶基生，有柄；叶片长圆状椭圆形、椭圆形或宽椭圆形，顶端锐尖，基部近圆形，边缘有浅齿至近全缘，两面被淡褐色绢状柔毛，侧脉每边 7 ～ 10 条，密被淡褐色绢状柔毛；叶柄密被绢状柔毛。聚伞花序 2 ～ 3 次分歧，2 ～ 6 个，每花序具 4 ～ 6 花；花序梗疏被绢状柔毛；苞片 2，长圆状披针形，密被淡褐色绢状柔毛；花梗疏被绢状柔毛；花萼 5 裂至近基部，裂片相等，外面密被淡褐色绢状柔毛，内面无毛；花冠细筒状，紫色、紫红色，外面被短柔毛；喉部缢缩，近基部稍膨大；檐部二唇形，上唇 2 裂至中部，下唇 3 裂，裂片长圆状披针形；雄蕊分生，内藏，上雄蕊着生于距花冠基部 2mm 处，下雄蕊着生于距花冠基部 3mm 处；退化雄蕊着生于距花冠基部 2mm 处；花盘环状；雌蕊无毛，子房线状长圆形，柱头 1，盘状。蒴果线状长圆形，无毛。花期 6 ～ 7 月，果期 8 月。

生于海拔 300 ～ 1800m 的山坡、山谷、溪边、林缘或林下阴湿岩石上。全草入药；全年可采收，洗净，鲜用或晒干。用于治疗无名肿毒。

■ 列当科 Orobanchaceae

中国野菰
Aeginetia sinensis G. Beck

一年生寄生草本，高达 30cm。茎基部紫褐色或淡紫色，常下部分枝。叶鳞片状，卵状披针形或披针形，长 6 ～ 8mm，疏生于茎近基部。花芽顶端纯圆，花单生茎端；花梗紫红色，直立，长 15 ～ 25cm，具条纹，花萼佛焰苞状，顶端钝圆，船形，一侧斜裂；花冠红紫色，长 5.5 ～ 7cm，顶端 5 浅裂，上唇 2 裂，下唇 3 裂，下唇稍长于上唇，裂片近圆形，具细圆齿；雄蕊 4，着生于花冠筒近基部，花药 1 室发育；子房 1 室，侧膜胎座 4，横切面有极多分枝，柱头盾状，肉质。蒴果长圆锥形或圆锥形，长 2 ～ 2.5cm。种子近圆形。花期 4 ～ 6 月，果期 6 ～ 8 月。

生于海拔 1900m 以上的高山草丛、沟谷、溪边或林下草丛中。全草入药；春夏季采收，除去杂质，洗净，鲜用或晒干。具有祛风除湿、解毒等功效。用于治疗风湿痹痛、咽喉肿痛、尿路感染、骨髓炎、毒蛇咬伤、疔疮、关节疼痛、四肢麻木等症。

■ 忍冬科 Caprifoliaceae

淡红忍冬
Lonicera acuminata Wall.

半常绿木质藤本。幼枝、叶柄及总花梗均密被黄褐色糙毛，稀无毛。叶有时 3 片轮生，卵形、卵状长圆形或条状披针形，两面至少沿中脉被黄白色柔毛，先端渐尖，基部圆或近心形，叶缘有睫毛；叶柄长 2 ～ 15mm。

双花近枝顶集生，有时圆锥状；总花梗长 0.5 ～ 2.3cm；花冠黄白色而有红晕，上唇 4 裂，下唇反曲。果卵球形，成熟时蓝黑色。花期 5 ～ 7 月，果期 10 ～ 11 月。

生于海拔 700 ～ 2000m 的山坡、林缘、路旁灌丛或高山草甸。花蕾入药；夏季开花前采摘，晒干或烘干。具有清热解毒、通络等功效。用于治疗暑热感冒、咽喉痛、风热咳嗽、泄泻、疮疡肿毒、丹毒。

菰腺忍冬（山银花、红腺忍冬、大叶金银花）
Lonicera hypoglauca Miq.

落叶木质藤本。幼枝被淡黄褐色短柔毛。老茎呈条状剥落。叶卵形或卵状长圆形，先端短渐尖，基部圆或近心形，腹面中脉被糙毛，背面幼时粉绿色，密被橙黄色或橘红色腺毛。双花总梗单生或多对簇生；萼筒近无毛，萼齿长三角形，有睫毛；花冠外面疏被平伏微毛及腺毛。果黑色，常被白粉，近球形。花期 4 ～ 5 月，果期 10 ～ 11 月。

生于海拔 200 ～ 1000m 的丘陵山地疏林内、灌丛中或林缘。花蕾入药；夏季开花前采摘，除去叶等杂质，晒干或烘干。具有清热解毒、疏散风热等功效。用于治疗痈肿疔疮、喉痹、丹毒、热毒血痢、风热感冒、温病发热。

忍冬（金银花）

Lonicera japonica Thunb.

半常绿木质藤本。枝中空，幼枝被黄褐色糙毛、腺毛和短柔毛。叶卵形、卵状长圆形，稀倒卵形，先端短钝尖，基部圆或近心形，幼时两面被毛，后腹面无毛；叶柄被毛。双花单生叶腋，总花梗密被柔毛及腺毛；苞片叶状；萼筒长约 2mm，无毛；花冠白色，后变黄色，外被柔毛和腺毛。果球形，成熟时蓝黑色。花期 4～6 月，果期 10～11 月。

生于海拔 700m 以下的低山丘陵、山坡灌丛、疏林、林缘、路旁。花蕾入药；初夏采摘即将开放的花蕾或初花期的花，干燥。具有清热解毒、疏散风热等功效。用于治疗痈肿疔疮、喉痹、丹毒、热毒血痢、风热感冒、温病发热。

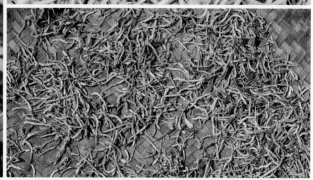

半边月（水马桑）

Weigela japonica Thunb. var. sinica (Rehd.) Bailey

落叶小乔木，高达 6m。叶长卵形、椭圆形或倒卵形，先端渐尖，基部宽楔形或圆形，腹面疏被糙毛，脉上毛较密，背面密被短糙毛；叶柄被毛。花序具花 1 ～ 3 朵；萼深裂至基部，萼齿窄条形，被柔毛；花白色至淡红色，外面疏被微毛或近无毛，不整齐。果实长 1 ～ 2cm。种子有窄翅。花期 4 ～ 5 月，果期 8 ～ 9 月。

生于海拔 1800m 以下的溪边、山坡或林下。根入药；秋冬季采挖，洗净，切片晒干。具有益气健脾的功效。用于治疗气虚食少、消化不良、体质虚弱。

■ 败酱科 Valerianaceae ///////////////////////////////

败酱（黄花败酱、苦菜）

Patrinia scabiosifolia Link

多年生草本，高 30 ～ 100cm。根茎横卧或斜生，节处生多数细根。茎直立，黄绿色至黄棕色，有时带淡紫色。基生叶丛生，花时枯落，卵形、椭圆形或椭圆状披针形，不分裂或羽状分裂或全裂，顶端钝或尖，基部楔形，边缘有粗锯齿，两面被糙伏毛或几无毛，具缘毛；茎生叶对生，宽卵形至披针形，常羽状深裂或全裂，具 2 ～ 5 对侧裂片，顶生裂片卵形、椭圆形或椭圆状披针形，先端渐尖，有粗锯齿，两面密被或疏被白色糙毛，上部叶渐变窄小，无柄。花序为聚伞花序组成的大型伞房花序，顶生，具 5 ～ 6 级分枝；花序梗上方一侧被开展的白色粗糙毛；总苞线形；花小，萼齿不明显；花冠钟形，黄色，花冠裂片卵形；雄蕊 4，稍超出或几不超出花冠，花丝不等长；子房椭圆状长圆形，柱头盾状。瘦果长圆形，具 3 棱。花期 7 ～ 9 月。

常生于海拔 600 ～ 2100m 的山坡林下、林缘或灌草丛中。全草入药；夏秋季采收，洗净，晒干或鲜用。具有清热利湿、解毒排脓、活血祛淤等功效。用于治疗肠痈、泄泻、目赤、产后淤血腹痛、痈肿疔疮。

攀倒甑（白花败酱、苦菜）
Patrinia villosa (Thunb.) Juss.

多年生草本，高 50～150cm。根和根茎具陈腐臭味，根茎长而横走。基生叶丛生，叶片卵形、宽卵形或卵状披针形至长圆状披针形，先端渐尖，边缘具粗钝齿，基部楔形下延，不分裂或大头羽状深裂，常有 1～2 对生裂片；茎生叶对生，与基生叶同形，或菱状卵形，先端尾状渐尖或渐尖，基部楔形下延，边缘有粗齿，上部叶较窄小，常不分裂，两面被糙伏毛或近无毛；上部叶渐近无柄。由聚伞花序组成顶生圆锥花序或伞房花序，分枝达 5～6 级，花序梗密被长粗糙毛或仅二纵列粗糙毛；总苞叶卵状披针形至线状披针形或线形；花萼小，萼齿 5，被短糙毛；花冠钟形，白色，5 深裂，裂片卵形、卵状长圆形或卵状椭圆形；雄蕊 4，伸出；子房下位，花柱较雄蕊稍短。瘦果倒卵形，与宿存增大苞片贴生；果苞卵形至椭圆形。花期 8～10 月，果期 9～11 月。

生于海拔 50～1500m 的溪边、沟谷、林下、林缘或路边草丛中。全草入药；夏季开花前采收全草，晒至半干，扎成束，再阴干。具有清热利湿、解毒排脓、活血化淤、清心安神等功效。用于治疗目赤红肿、痢疾、泄泻、肝炎、产后淤血腹痛、痈肿疮毒。

■ 桔梗科 Campanulaceae

中华沙参（南沙参）
Adenophora sinensis A. DC.

多年生草本。茎数支发自一条茎基上，高 20～100cm。基生叶卵圆形；茎生叶互生，下部的叶柄较长，上部的无柄或有短柄，叶片狭披针形，边缘具细锯齿，两面无毛。花序常有纤细的分枝，组成狭圆锥花序；花梗纤细；花萼裂片条状披针形；花冠钟状，紫色或紫蓝色；花盘短筒状；花柱超出花冠。蒴果卵球状。花期 9～10 月。

生于海拔 700～1200m 的溪边、河边草丛或灌丛中。根入药；春季采挖，除去茎叶，洗净，晒干。具有清热养阴、祛痰止咳等功效。

轮叶沙参（南沙参）
Adenophora tetraphylla (Thunb.) Fisch.

草本。茎不分枝。茎生叶 3～6 片轮生，无柄或有极短柄，叶片卵圆形至条状披针形，边缘有锯齿，两面疏生短柔毛。花序狭圆锥状，花序分枝（聚伞花序）大多轮生，生数朵花；花萼裂片钻形；花冠筒状细钟形，蓝色或蓝紫色，裂片三角形；花盘细管状。蒴果球状圆锥形。花期 7～9 月。

生于海拔 100～1000m 的山顶灌丛、林缘或路边草丛中。根入药；秋季采挖，除去茎叶及须根，洗净泥土，刮去栓皮，晒干。具有清热养阴、祛痰、止咳等功效。用于治疗肺热咳嗽、咳痰稠黄、虚劳久咳、咽干舌燥、津伤口渴。

金钱豹（土党参）
Campanumoea javanica Bl.

缠绕草质藤本，有乳汁。茎无毛，多分枝。叶对生，极少互生，具长柄，叶片心形或心状卵形，边缘有浅锯齿，极少全缘，长 3～11cm，宽 2～9cm，无毛或有时背面疏生长毛。花单朵生叶腋，各部无毛；花萼与子房分离，5 裂至近基部，裂片卵状披针形或披针形，长 1～1.8cm；花冠上位，白色或黄绿色，内面紫色，钟状，裂至中部；雄蕊 5；柱头 4～5 裂，子房和蒴果 5 室。浆果黑紫色或紫红色。

生于海拔 200～1600m 的山坡、沟谷、林缘或路旁灌丛中。根入药；秋季采挖，洗净，晒干。具有补中益气、润肺生津、祛痰止咳、通乳等功效。用于治疗气虚乏力、心悸、肾虚泄泻、肺虚咳嗽、小儿疳积、乳汁稀少。

羊乳（四叶参、山海螺）
Codonopsis lanceolata (Sieb. et Zucc.) Trautv.

草质藤本，有乳汁。根常肥大呈纺锤状。茎缠绕。叶在主茎上互生，在小枝顶端通常2～4叶近轮生，叶片菱状卵形或狭卵形，腹面绿色，背面灰绿色，叶脉明显。花单生或对生于小枝顶端；花萼贴生至子房中部，筒部半球状；花冠阔钟状，裂片三角状，反卷，黄绿色或乳白色内有紫色斑；花盘肉质，深绿色；子房下位。蒴果下部半球状，上部有喙。花期8～9月，果期9～12月。

生于海拔150～1200m的溪边、沟谷、林缘或路边草丛中。根入药；夏秋季采挖，洗净，晒干。具有滋补强壮、补虚通乳、排脓解毒、祛痰等功效。用于治疗血虚气弱、肺痈咯血、乳汁少、各种痈疽肿毒、瘰疬、带下病、喉蛾。

半边莲
Lobelia chinensis Lour.

多年生小草本，高6～15cm，有乳汁。叶互生，狭披针形，全缘或上部疏生浅齿。花单生叶腋；花萼筒喇叭状，先端5裂；花冠粉红色或淡红色，先端5裂，裂片平展于下方，呈一个平面；雄蕊5，花丝中部以上连合；子房下位。蒴果倒圆锥状。花期5～8月，果期8～10月。

生于海拔950m以下的水田边、溪边、沟边、路边或山坡湿润处。全草入药；夏季采收，除去杂质，洗净，晒干。具有清热解毒、利水消肿等功效。用于治疗痈肿疔疮、蛇虫咬伤、膨胀水肿、湿热黄疸、湿疹湿疮。

线萼山梗菜（东南山梗菜）

Lobelia melliana E. Wimm.

直立草本，有乳汁，高 80～150cm。叶螺旋状排列，多少镰状卵形至镰状披针形，薄纸质，边缘具睫毛状小齿。总状花序生主茎和分枝顶端，花稀疏，朝向各方，下部花的苞片与叶同形，向上变狭至条形；花萼筒半椭圆状，裂片窄条形；花冠淡红色，檐部近二唇形；雄蕊基部密生柔毛。蒴果近球形。花果期 8～10 月。

生于海拔 700～1100m 的溪边、沟谷、林缘阴湿处。全草入药；夏季采收带根全草，洗净，晒干或阴干。具有宣肺化痰、清热解毒、利尿消肿等功效。用于治疗咳嗽痰喘、水肿、毒蛇咬伤、痈肿疔疮。

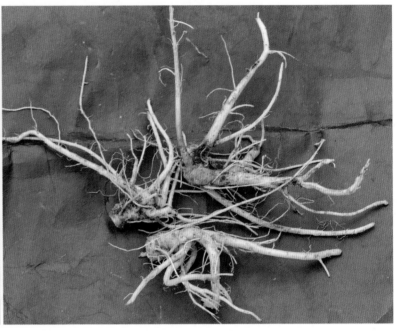

铜锤玉带草

Pratia nummularia (Lam.) A. Br. et Aschers.

多年生草本。茎平卧，被开展的柔毛，节上生根。叶互生，叶片心形或卵形，边缘有牙齿，两面疏生短柔毛。花单生叶腋；花萼筒坛状；花冠紫红色或淡紫色，花冠筒外面无毛，内面生柔毛，檐部二唇形；雄蕊在花丝中部以上连合。浆果紫红色，椭圆状球形。花期 4～6 月，果期 6～7 月。

生于海拔 120～1000m 的山坡、林缘、田边或路旁阴湿处。全草入药；夏季采收，洗净，鲜用或晒干。具有祛风除湿、活血、清热解毒等功效。用于治疗肺虚久咳、风湿疼痛、跌打损伤、月经不调、目赤肿痛、乳痈、无名肿毒。

■ 菊科 Compositae

阿里山兔儿风
Ainsliaea macroclinidioides Hayata

草本，高 25 ～ 65cm。茎下部无叶。叶聚生于茎的上部呈莲座状，叶片纸质，阔卵形至卵状披针形，边缘具芒状疏齿，背面被疏长毛；基出脉 3 条；叶柄被长柔毛。头状花序具花 3 朵，单生或 2 ～ 5 聚生于茎的上部作总状花序式排列；总苞圆筒形，总苞片紫红色；花两性，花冠管状，檐部稍扩大，花药伸出冠管之外。瘦果近圆柱形；冠毛羽状。花期 8 ～ 11 月，果期 9 ～ 12 月。

生于海拔 150 ～ 900m 的溪旁、林缘、沟谷草丛中。全草入药；全年可采收，除去杂质，洗净，干燥。具有清热解毒的功效。用于治疗咳嗽、腰腿痛、鹅口疮。

黄腺香青
Anaphalis aureopunctata Lingelsh. et Borza

芳香草本，有根茎。茎直立或斜升，高 20 ～ 50cm，不分枝，草质或基部稍木质，被白色或灰白色蛛丝状棉毛，下部有密集、上部有渐疏的叶，莲座状叶宽匙状椭圆形，下部渐狭成长柄，常被密棉毛；下部叶在花期枯萎，匙形或披针状椭圆形，有具翅的柄，长 5 ～ 16cm，宽 1 ～ 6cm；中部叶稍小，多少开展，基部渐狭，沿茎下延成宽或狭翅，顶端急尖、稀渐尖，有短或长尖头；上部叶小，披针状线形；全部叶腹面被具柄腺毛及易脱落的蛛丝状毛，背面被白色或灰白色蛛丝状毛及腺毛，有离基三或五出脉，侧脉明显且长达叶端或在近叶端消失，或有单脉。头状花序多数或极多数、密集成复伞房状；花序梗纤细；总苞钟状或狭钟状；总苞片约 5 层，外层浅或深褐色，卵圆形，被棉毛；内层白色或黄白色，在雄株顶端宽圆形，宽达 2.5mm，在雌株顶端钝或稍尖，宽约 1.5mm，最内层较短狭，匙形或长圆形，有长达全长 2/3 的爪部；花托突起；雌株头状花序有多数雌花，中央有 3 ～ 4 朵雄花；雄株头状花序全部有雄花或外围有 3 ～ 4 朵雌花；花冠长 3 ～ 3.5mm；冠毛较花冠稍长；雄花冠毛上部宽扁，有微齿。瘦果被微毛。花期 7 ～ 9 月，果期 9 ～ 10 月。

生于海拔 1100 ～ 2000m 的山地林缘、林下或山坡草丛中。全草入药；春夏季采收，除去泥沙，晒干或鲜用。具有清热解毒、利湿消肿等功效。用于治疗疮毒、口腔破溃、蛇咬伤、水肿、泄泻、小儿惊风。

野艾蒿（野艾）
Artemisia lavandulifolia DC.

多年生草本，有时为半灌木状，有香气。株高 50 ～ 120cm，具纵棱，分枝多。茎、枝被灰白色蛛丝状短柔毛。叶纸质，腹面绿色，具密集白色腺点及小凹点，初时疏被灰白色蛛丝状柔毛，后毛稀疏或近无毛，背面除中脉外密被灰白色柔毛；基生叶与茎下部叶宽卵形或近圆形，二回羽状全裂或第一回全裂，第二回深裂，花期叶萎谢；中部叶卵形、长圆形或近圆形，二回羽状全裂或第二回为深裂，每侧有裂片 2 ～ 3 枚，裂片椭圆形或长卵形；上部叶羽状全裂，具短柄或近无柄；苞片叶 3 全裂或不分裂。头状花序极多数，椭圆形或长圆形，具小苞叶；总苞片 3 ～ 4 层，外层总苞片略小，卵形或狭卵形，中层总苞片长卵形，背面疏被蛛丝状柔毛，内层总苞片长圆形或椭圆形；雌花 4 ～ 9 朵，花冠狭管状，檐部具 2 裂齿，紫红色；两性花 10 ～ 20 朵，花冠管状，檐部紫红色。瘦果长卵形或倒卵形。花果期 8 ～ 10 月。

生于海拔 900m 以下平原、丘陵、低山地区的路旁、林缘、山坡、草地、山谷、灌丛及河湖滨草地等。叶入药；夏、秋花未开放时割取地上部分，摘取叶片，晒干。具有散寒除湿、温经止血、安胎等功效。用于治疗崩漏、先兆流产、月经不调、湿疹、皮肤瘙痒。

陀螺紫菀
Aster turbinatus S. Moore

多年生草本，有根茎。茎直立，高 60 ～ 100cm，粗壮，常单生，被糙粗毛，下部有较密的叶。下部叶在花期常枯落，叶片卵圆形或卵圆状披针形，有疏齿，顶端尖，基部截形或圆形；中部叶无柄，长圆形或椭圆状披针形，有浅齿，基部有抱茎的圆形小耳；上部叶渐小，卵圆形或披针形；全部叶厚纸质，两面被短糙毛，背面沿脉有长糙毛；有离基三出脉及 2 ～ 3 对侧脉。头状花序单生或 2 ～ 3 个簇生上部叶腋，花序梗有密集而渐转变为总苞片的苞叶；总苞倒锥形，总苞片约 5 层，覆瓦状排列，厚干膜质，常带紫红色，有缘毛；舌状花约 20 个，舌片蓝紫色；管状花长 6.5mm，管部长 3mm，裂片长 1.7mm；冠毛白色，有近等长的微糙毛。瘦果倒卵状长圆形，被密粗毛。花期 8 ～ 10 月，果期 10 ～ 11 月。

生于海拔 600 ～ 1800m 的山坡路旁、溪边、林缘或疏林下。全草入药；夏秋季采收，鲜用或晒干。具有清热解毒、止痢等功效。用于治疗幼儿疳积、消化不良、痢疾、急性乳腺炎、急性扁桃体炎，亦可用于防治感冒。

长圆叶艾纳香
Blumea oblongifolia Kitam.

多年生草本。主根粗壮，纺锤状。茎直立，高 50 ～ 150cm，有分枝，具条棱，下部被疏毛，上部被较密且较长的柔毛。基部叶花期宿存或凋萎，常小于中部叶；中部叶长圆形或狭椭圆状长圆形，基部渐狭，近无柄，两面被柔毛，中脉在两面凸起，侧脉 5 ～ 7 对；上部叶渐小，无柄，长圆状披针形或长圆形。头状花序多数，排列成顶生开展的疏圆锥花序；花序柄密被长柔毛；总苞球状钟形，总苞片约 4 层，绿色，外层线状披针形，中、内层线形或线状披针形；花托稍凸，被白色粗毛；花黄色；雌花多数，花冠细管状，檐部 3 ～ 4 齿裂；两性花较少数，花冠管状，向上部渐扩大，檐部 5 裂，裂片三角形，被白色疏毛和较密的腺体。瘦果圆柱形，被疏白色粗毛，具条棱；冠毛白色，糙毛状。花期 8 月至翌年 4 月，果期 10 月至翌年 4 月。

生于海拔 600m 以下的路旁、田边、草地或山谷溪流边。全草入药；夏秋季采收，鲜用或晒干。具有清热解毒、利尿消肿等功效。用于治疗急性气管炎、痢疾、肠炎、急性肾小球性肾炎、尿路感染、多发性疖肿。

线叶蓟
Cirsium lineare (Thunb.) Sch.-Bip.

多年生草本，高 60 ～ 150cm。茎直立，有条棱，上部有分枝，分枝坚挺，全部茎枝被稀疏的蛛丝毛。下部和中部茎叶长椭圆形、披针形或倒披针形，向上的叶渐小，与中下部茎叶同形或长披针形或线状披针形、宽或狭线形，全部茎叶不分裂，顶端急尖或钝或尾状渐尖，基部渐狭，在中下部渐变为或长或短的翼柄，在上部叶则无叶柄，腹面绿色，背面色淡或淡白色，边缘有细密的针刺。头状花序生花序分枝顶端，多数或少数在茎枝顶端排成稀疏的圆锥状伞房花序；总苞卵形或长卵形，总苞片约 6 层，覆瓦状排列，向内层渐长，外层与中层三角形及三角状披针形，顶端有针刺；内层披针形或三角状披针形，顶端渐尖；最内层线形或线状披针形，顶端膜质扩大，红色；小花紫红色；花冠不等 5 深裂。瘦果倒金字塔状，顶端截形；冠毛浅褐色，多层。花果期 9 ～ 10 月。

生于海拔 800 ～ 1500m 的山坡、林缘或水沟边。全草或根入药；秋季采收全草或挖根，洗净，鲜用或晒干。具有活血散淤、解毒消肿等功效。用于治疗衄血、咯血、吐血、尿血、崩漏、产后出血、肝炎、水肿、乳痈、外伤出血。

野菊

Dendranthema indicum (L.) Des Moul.

　　草本，高 25 ～ 100cm。茎直立或铺散。基生叶和下部叶花期脱落；中部茎叶卵形或长卵形，羽状半裂、浅裂或分裂不明显而边缘有浅锯齿。头状花序多数在茎枝顶端排成疏松的伞房圆锥花序；舌状花黄色。花期 10 ～ 11 月。

　　生于海拔 150 ～ 1200m 的沟谷、林缘、路旁灌丛或山顶矮林中。花序入药；秋冬季采收，阴干或烘干。具有清热解毒、疏肝明目等功效。用于治疗感冒、高血压、肝炎、泄泻、痈疖疔疮、毒蛇咬伤。

东风菜

Doellingeria scaber (Thunb.) Nees

高大草本，高 100 ～ 150cm，上部有斜升的分枝。基部叶在花期枯萎，叶片心形；中部叶较小，卵状三角形，有具翅的短柄；上部叶小，矩圆状披针形或条形；全部叶两面被微糙毛。头状花序排列成圆锥伞房状；总苞半球形；舌状花约 10 朵，白色；管状花黄色。瘦果椭圆形。花期 7 ～ 9 月，果期 9 ～ 10 月。

生于海拔 250 ～ 1000m 的林缘、溪边或沟谷灌丛中。全草入药；夏秋季采收，洗净、干燥。具有清热解毒、明目、利咽等功效。用于治疗风湿关节痛、感冒头痛、目赤肿痛、咽喉痛、疮疖、毒蛇咬伤。

羊耳菊（白牛胆、白面风）

Duhaldea cappa (Buch.-Ham. ex D. Don) Pruski et Anderb.

亚灌木，株高 70 ～ 200cm。根茎粗壮，多分枝。茎直立，被污白色或浅褐色绢状或棉状密茸毛，上部或从中部起有分枝。下部叶在花期脱落后留有被白色或污白色棉毛的腋芽；叶多少开展，长圆形或长圆状披针形；中部叶有柄，上部叶渐小近无柄；全部叶基部圆形或近楔形，顶端钝或急尖，边缘有小尖头状细齿或浅齿，腹面被基部疣状的密糙毛，沿中脉被较密的毛，背面被白色或污白色绢状厚茸毛；中脉和 10 ～ 12 对侧脉在背面高起，网脉明显。头状花序倒卵圆形，多数密集于茎和枝端成聚伞圆锥花序；被绢状密茸毛；有线形的苞叶；总苞近钟形，总苞片约 5 层，线状披针形，外层长度仅是内层长度的 1/3 或 1/4，外面被污白色或带褐色绢状茸毛；边缘小花舌片短小，有 3 ～ 4 裂片；中央小花管状，上部有三角卵圆形裂片；冠毛污白色，约与管状花花冠同长。瘦果长圆柱形，被白色长绢毛。花期 6 ～ 10 月，果期 8 ～ 12 月。

生于海拔 200 ～ 1300m 的灌丛、林缘。全株入药；全年可采地上茎叶，鲜用或晒干。具有祛风、利湿、行气、化滞等功效。用于治疗风寒感冒、咳嗽痰喘、风湿关节痛、泄泻、疟疾、痔疮、肝炎、乳腺炎、湿疹、疥癣。

一点红（叶下红、红背叶、羊蹄草）

Emilia sonchifolia (L.) DC.

一年生草本，高 25 ～ 40cm。茎直立或斜升，通常自基部分枝。叶质较厚，下部叶密集，大头羽状分裂，顶生裂片大，宽卵状三角形，侧生裂片通常 1 对，长圆形或长圆状披针形，具波状齿，腹面深绿色，背面常变紫色，两面被短卷毛；中部茎叶疏生，较小，卵状披针形或长圆状披针形，无柄，基部箭状抱茎，全缘或有不规则细齿；上部叶少数，线形。头状花序在开花前下垂，花后直立，通常 2 ～ 5，在枝端排列成疏伞房状；花序梗细，无苞片，总苞圆柱形，基部无小苞片；总苞片 1 层，长圆状线形或线形，黄绿色；小花粉红色或紫色。瘦果圆柱形，具 5 棱；冠毛丰富，白色。花果期 7 ～ 10 月。

生于海拔 300 ～ 2000m 的山坡荒地、田埂、路旁、茶园。全草入药；全年可采收，洗净，鲜用或晒干。具有清热解毒、散淤消肿等功效。用于治疗上呼吸道感染、咽喉肿痛、扁桃体炎、口腔溃疡、肺炎、乳腺炎、急性肠炎、细菌性痢疾、尿路感染、睾丸炎、疔肿疮疡、湿疹、跌打损伤。

马兰（马兰头）

Kalimeris indica (L.) Sch.-Bip.

草本，株高 30 ～ 70cm。茎直立，有分枝。基部叶在花期枯萎；茎部叶倒披针形或倒卵状矩圆形，基部渐狭成具翅的长柄，边缘从中部以上具有钝或尖的齿或有羽状裂片，上部叶小，全缘，基部急狭无柄，两面或腹面有疏微毛，边缘及背面沿脉有短粗毛，中脉在背面凸起。头状花序单生于枝端并排列成疏伞房状；总苞半球形；总苞片 2 ～ 3 层，覆瓦状排列；外层倒披针形，内层倒披针状矩圆形；花托圆锥形；舌状花 1 层，15 ～ 20 朵，舌片浅紫色；管状花被短密毛。瘦果倒卵状矩圆形，极扁；冠毛易脱落，不等长。花期 5 ～ 9 月，果期 8 ～ 10 月。

生于海拔 1000m 以下的山坡、路旁、草丛、山沟、湖滨、河岸、水边、村旁及田埂。全草入药；夏秋季采收，洗净，晒干或鲜用。具有清热利湿、凉血止血、解毒消肿等功效。用于治疗吐血、衄血、血痢、创伤出血、水肿、淋浊、疟疾、痔疮、咽喉肿痛。

蹄叶橐吾（肾叶橐吾、山紫菀）

Ligularia fischeri (Ledeb.) Turcz.

多年生高大草本，高 80 ～ 200cm。根多数，肉质，黑褐色。丛生叶与茎下部叶具柄，叶片肾形，先端圆形，边缘有整齐的锯齿，基部弯缺宽，两侧裂片近圆形，不外展，腹面绿色，背面淡绿色，两面光滑，叶脉掌状，主脉 5 ～ 7 条，明显突起。总状花序长 25 ～ 75cm；苞片草质，卵形或卵状披针形；花序梗细；头状花序多数，辐射状；小苞片狭披针形至线形；总苞钟形，总苞片 8 ～ 9，2 层，长圆形；舌状花 5 ～ 6（9）朵，黄色，舌片长圆形，先端钝圆；管状花多数。瘦果圆柱形，光滑。花果期 7 ～ 10 月。

生于海拔 800m 以上的山地林下、林缘、溪边湿润草丛。根及根茎入药；夏秋季采挖，除去茎叶，洗净，晾干。具有祛痰、止咳、理气活血、止痛等功效。用于治疗百日咳、肺痨咯血、痰多气喘、劳伤、腰腿痛、跌打损伤。

矢镞叶蟹甲草

Parasenecio rubescens (S. Moore) Y. L. Chen

草本，高 50 ～ 100cm。茎有时带紫色，有明显条纹。基部叶在花期凋落，下部和中部茎叶具长柄，叶片宽三角形，裂片三角形，边缘有硬小尖锯齿，最上部叶卵状披针形。头状花序多数，在茎端排列成叉状宽圆锥花序，总苞窄钟形；总苞片 7 ～ 8，小花 8 ～ 10 朵；花冠黄色。瘦果圆柱形，淡黄褐色；冠毛白色或淡红褐色。花期 7 ～ 8 月，果期 9 月。

生于海拔 800m 以上的山地林缘、林下阴湿处。根茎入药；秋季采挖，洗净，干燥。具有祛风除湿、活血通络、清热解毒等功效。用于治疗乳蛾、外伤出血。

蜂斗菜

Petasites japonicus (Sieb. et Zucc.) Maxim.

　　草本。根茎平卧，有地下匍匐枝。基生叶具长柄，叶片圆形或肾状圆形，不分裂，边缘有细齿，基部深心形，背面被蛛丝状毛。头状花序多数，在上端密集成伞房状，有同形小花；总苞筒状，总苞片2层，全部小花管状，两性，不结实，花冠白色；雌花多数，花冠丝状。瘦果圆柱形。花期4～5月，果期6月。

　　生于海拔300～1500m的沟谷、林缘或溪边潮湿处。根茎入药；夏秋季采挖，洗净，鲜用或晒干。具有清热解毒、散淤消肿、止痛等功效。用于治疗乳蛾、痈疽疮毒、毒蛇咬伤、跌打损伤。

拟鼠麴草（鼠麴草）

Pseudognaphalium affine (D. Don) Anderb.

一年生草本，高 10 ～ 40cm。茎直立或基部发出的枝下部斜升，上部不分枝，有沟纹，被白色厚棉毛。叶无柄，匙状倒披针形或倒卵状匙形，上部叶长 15 ～ 20mm，宽 2 ～ 5mm，基部渐狭，稍下延，顶端圆，具刺尖头，两面被白色棉毛，腹面常较薄，叶脉 1 条，在背面不明显。头状花序较多或较少数，在枝顶密集成伞房花序，花黄色至淡黄色；总苞钟形；总苞片 2 ～ 3 层，金黄色或柠檬黄色，膜质，有光泽，外层倒卵形或匙状倒卵形，内层长匙形；花托中央稍凹入；雌花多数，花冠细管状，花冠顶端扩大，3 齿裂；两性花较少，管状，向上渐扩大，檐部 5 浅裂。瘦果倒卵形或倒卵状圆柱形，有乳头状突起；冠毛粗糙，污白色，易脱落。花期 1 ～ 4 月，果期 8 ～ 11 月。

生于海拔 700m 以下的平原、山坡、旷野、荒地、村旁路边及田野。全草入药；春季花期采收，除去杂质，洗净，鲜用或晒干。具有化痰止咳、祛风除湿、解毒等功效。用于治疗咳喘痰多、风湿痹痛、水肿、淋浊、泄泻、痢疾、赤白带下、阴囊湿痒、痈肿疮毒。

三角叶风毛菊

Saussurea deltoidea (DC.) Sch.-Bip.

二年生草本，株高 40 ～ 200cm。茎直立，密被锈色节毛及蛛丝状棉毛，有棱。中下部茎叶有叶柄，被锈色节毛，柄基扩大或稍扩大，叶片大头羽状全裂，顶裂片大，三角形或三角状戟形，基部宽戟形或心形或宽楔形，顶端渐尖，边缘有锯齿或重锯齿，齿顶有小尖头，侧裂片小，1 ～ 2 对，长椭圆形、椭圆形或三角形，对生或互生，羽轴有狭翼；上部茎叶小，不裂，有短柄，三角形、三角状卵形或三角状戟形，边缘有锯齿；最上部茎叶更小，有短柄或几无柄，披针形或长椭圆形，边缘有尖锯齿或全缘；全部叶两面异色，腹面绿色，粗糙，被糠秕状短糙毛，背面灰白色，被密厚或稠密的绒毛。头状花序大，下垂或歪斜，有长花梗，单生茎端或单生枝端或在茎枝顶排列成稠密或稀疏的圆锥花序；总苞半球形或宽钟状，被稀疏蛛丝状毛；总苞片 5 ～ 7 层；小花淡紫红色或白色。瘦果倒圆锥状，有具锯齿的小冠；冠毛 1 层，白色，羽毛状。花果期 5 ～ 11 月。

生于海拔 700m 以上的山坡、草地、林下、灌丛、荒地、牧场、杂木林中及河谷林缘。根入药；夏秋季采挖，洗净，晒干。具有祛风湿、通经络、催乳、健脾消疳等功效。用于治疗产后乳少、带下、消化不良、腹胀、小儿疳积、病后体虚、胃寒痛、风湿关节痛。

林荫千里光

Senecio nemorensis L.

多年生直立草本。叶多数，近无柄，披针形或长圆状披针形，边缘具密锯齿，侧脉 7 ～ 9 对。头状花序具舌状花，在枝端或上部叶腋排成复伞房花序；总苞近圆柱形，总苞片 12 ～ 18；舌状花 8 ～ 10 朵，舌片黄色，线状长圆形；管状花黄色。瘦果圆柱形；冠毛白色。花期 9 ～ 12 月。

生于海拔 800m 以上的沟谷、溪边、林缘。全草入药；8 ～ 9 月采收全草，洗净，鲜用或晒干。具有清热解毒功效。用于治疗热痢、痈疖肿毒、目赤红肿。

千里光

Senecio scandens Buch.-Ham. ex D. Don

多年生攀缘草本。根状茎木质。茎伸长，弯曲，多分枝，老时变木质。叶具柄，叶片卵状披针形至长三角形，顶端渐尖，基部宽楔形，羽状脉明显，侧脉 7 ～ 9 对，弧状；叶柄无耳或基部有小耳；上部叶变小，披针形或线状披针形。头状花序有多数舌状花，在茎枝端排列成顶生复聚伞圆锥花序；分枝和花序梗被密至疏短柔毛；花序梗具苞片，小苞片线状钻形，总苞圆柱状钟形，具外层苞片；总苞片 12 ～ 13，线状披针形；舌状花 8 ～ 10 朵，舌片黄色，长圆形，具 3 细齿；管状花多数；花冠黄色，檐部漏斗状。瘦果圆柱形；冠毛白色。花果期 10 ～ 12 月。

生于海拔 50 ～ 1100m 的林缘、沟边、路旁灌丛中。全草入药；9 ～ 10 月收割全草，晒干或鲜用。具有清热解毒、明目、利湿等功效。用于治疗痈肿疮毒、感冒发热、目翳、目赤肿痛、泄泻痢疾、皮肤湿疹。

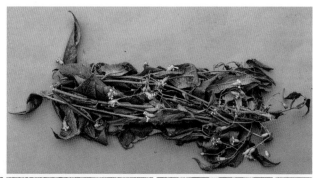

一枝黄花
Solidago decurrens Lour.

　　直立草本，高 35 ～ 100cm。茎不分枝或在中部以上分枝，淡绿色或紫红色。叶椭圆形或卵形，叶两面被短柔毛。头状花序较小，在茎上部排列成总状花序或伞房圆锥花序；总苞片 4 ～ 6 层，披针形或狭披针形；舌状花舌片椭圆形。瘦果无毛。花果期 9 ～ 11 月。

　　生于海拔 100 ～ 1100m 的山坡灌丛、林缘或路边草丛中。全草入药；9 ～ 10 月花期采收，洗净，晒干或鲜用。具有清热解毒、疏散风热等功效。用于治疗喉痹、乳蛾、咽喉肿痛、疮疖肿毒、风热感冒。

山牛蒡
Synurus deltoides (Ait.) Nakai

　　直立草本，高 70 ～ 150cm。茎枝粗壮，有条棱，灰白色，被密厚绒毛。基部叶与下部茎叶有长叶柄，叶片心形、卵形或卵状三角形，不分裂，边缘有锯齿；向上的叶渐小，卵形或长椭圆状披针形，边缘有锯齿或针刺；叶背面灰白色，被密厚的绒毛。头状花序大，下垂，生枝头顶端；总苞球形，被蛛丝毛；总苞片多层；小花两性，管状，花冠紫红色。瘦果长椭圆形；冠毛褐色。花果期 9 ～ 11 月。

　　生于海拔 600m 以上的山坡林下及林缘。根入药；夏秋季采挖，洗净，晒干。具有清热解毒、消肿散结、利水等功效。用于治疗顿咳、妇科炎症、带下病。

■ 百合科 Liliaceae

短柄粉条儿菜
Aletris scopulorum Dunn

草本，有地下球茎，须根稍肉质。叶纸质，线形。花葶纤细，有毛，中下部有叶状苞片；总状花序疏生几朵花；苞片 2，条形；花梗短，被毛；花被白色，裂片条形；雄蕊生于花被裂片基部；子房近球形，花柱短。蒴果近球形，被毛。花期 3 ～ 4 月，果期 4 ～ 5 月。

生于海拔 150 ～ 700m 的山坡、荒地、路旁或林缘湿润处。根或全草入药；夏季采收，除去杂质，洗净，晒干。具有清热、润肺止咳、活血调经、杀虫等功效。用于治疗咳嗽咯血、风火牙痛、流行性腮腺炎、月经不调、蛔虫病。

薤白（小根蒜）
Allium macrostemon Bunge

鳞茎单生，近球状，径 0.7 ～ 1.5cm，基部常具小鳞茎，外皮带黑色，纸质或膜质，不裂。叶半圆柱状或三棱状半圆柱形，中空，短于花葶，宽 2 ～ 5mm。花葶圆柱状，高达 70cm；总苞 2 裂，宿存；伞形花序半球状或球状，花多而密集，或间具珠芽，或全为珠芽；花梗近等长，长为花被片的 3 ～ 5 倍，具小苞片；珠芽暗紫色，具小苞片；花淡紫色或淡红色；花被片长圆状卵形或长圆状披针形，长 4 ～ 5.5mm，内轮通常较窄；花丝等长，比花被片稍短或长 1/3，基部合生并与花被片贴生，基部三角形，内轮基部较外轮宽 1.5 倍；子房近球形，花柱伸出花被。花果期 5 ～ 7 月。

生于海拔 50 ～ 750m 的山坡、田野、村旁荒地或路边草丛中。鳞茎入药；夏秋季采挖，洗净，除去须根，蒸透或置沸水中略烫，晒干。具有通阳散结、行气导滞的功效。用于治疗胸痹心痛、脘腹痞满胀痛、泻痢后重。

天门冬（飞天蜈蚣）

Asparagus cochinchinensis (Lour.) Merr.

攀缘植物。根中部或近末端呈纺锤状，膨大部分长3～5cm，径1～2cm。茎平滑，常弯曲或扭曲，长1～2m，分枝具棱或窄翅。叶状枝常3枚成簇，扁平或因中脉龙骨状而微呈锐三棱形，稍镰状，长0.5～8cm，宽1～2mm；茎鳞叶基部延伸为长2.5～3.5mm的硬刺，分枝刺较短或不明显。花常2朵腋生，淡绿色；花梗长2～6mm，关节生于中部；雄花花被长2.5～3mm，花丝不贴生花被片；雌花大小和雄花相似。浆果径6～7mm，成熟时红色，具1粒种子。花期5～6月，果期8～10月。

生于海拔250～1500m的山坡、路旁、林缘或草丛中。块根入药；秋冬季采挖，洗净，除去茎基和须根，置沸水中煮或蒸至透心，趁热除去外皮，干燥。具有养阴润燥、清肺生津功效。用于治疗肺燥干咳、顿咳痰黏、腰膝酸痛、骨蒸潮热、内热消渴、热病伤津、咽干口渴、肠燥便秘。

九龙盘（赶山鞭、一寸十八节、青蛇莲）

Aspidistra lurida Ker-Gawl.

多年生常绿草本。根茎圆柱形，具节和鳞片。叶单生，矩圆状披针形，先端渐尖，基部近楔形，两面绿色，有时多少具黄白色斑点；叶柄细长。总花梗长 2.5 ～ 5cm；苞片 3 ～ 6，其中 1 ～ 3 枚位于花基部，宽卵形，向上渐大，先端钝或急尖，有时带褐紫色；花被近钟状，花被筒内面褐紫色，上部 6 ～ 8 裂，裂片矩圆状三角形，先端钝，向外扩展，内面淡橙绿色或带紫色，具 2 ～ 4 条不明显或明显的脊状隆起和多数小乳突；雄蕊 6 ～ 8，生于花被筒基部，花丝不明显，花药卵形；雌蕊高于雄蕊，子房基部膨大，花柱无关节，柱头盾状膨大，圆形。花期 12 月，果期翌年 4 ～ 5 月。

生于海拔 600 ～ 1700m 的山坡林下或溪旁。根茎入药；全年可采挖，除去地上部分及须根，洗净，鲜用或晒干。具有祛风、散寒、止痛等功效。用于治疗风湿痹痛、胃脘疼痛、腰痛、跌打损伤、骨折。

开口箭

Campylandra chinensis (Baker) M. N. Tamura et al.

常绿宿根草本。根茎长圆柱形，多节，绿色至黄色。基生叶 4 ～ 12，近革质，条形或条状披针形，先端渐尖，基部渐狭；鞘叶 2，披针形或矩圆形。穗状花序直立，少有弯曲，密生多花；总花梗短；苞片绿色，卵状披针形至披针形，除每花有 1 枚苞片外，另有几枚无花的苞片在花序顶端聚生成丛；花短钟状；花被筒长 2 ～ 2.5mm；裂片卵形，先端渐尖，肉质，黄色或黄绿色；花丝基部扩大，其扩大部分有的贴生于花被片上，有的加厚，肉质，边缘不贴生于花被片上，有的彼此连合，花丝上部分离，内弯，花药卵形；子房近球形，柱头钝三棱形，顶端 3 裂。浆果球形，熟时紫红色。花期 4 ～ 6 月，果期 9 ～ 11 月。

生于海拔 900m 以上的沟谷、溪边、林下阴湿处。根茎入药；全年可采挖，除去叶及须根，洗净，鲜用或切片晒干。具有清热解毒、祛风除湿、散淤止痛等功效。用于治疗白喉、咽喉肿痛、风湿痹痛、跌打损伤、胃痛、痈肿疮毒、毒蛇咬伤、月经不调。

大百合

Cardiocrinum giganteum (Wall.) Makino

高大草本。鳞茎由基生叶柄膨大后组成，花序长出后凋萎，具鳞茎皮；小鳞茎高3.5cm，直径2cm。茎高1～2m。茎生叶似轮生，长12～18cm，宽11～15cm，基部心形；叶脉网状，柄长7～32cm。总状花序，花多至12朵；苞片叶状，矩圆状匙形，长7.5cm，宽2～2.5cm；花狭喇叭状，白色，具短梗；花被片6，条状匙形，长12～14cm，宽1.5～2cm，内面具淡紫红色条纹；花丝细，长约6.5cm；子房圆柱形，长3cm，直径7mm，花柱细，长5.5～6.5cm，柱头头状，微3裂。蒴果椭圆形，长5cm，直径3.5cm，3瓣裂。花期6～7月，果期9～10月。

生于海拔600～1200m的山地林下、山谷、沟边草丛中。鳞茎入药；具有清热止咳、宽胸利气等功效。用于治疗肺痨咯血、咳嗽痰喘、小儿高烧、胃痛、呕吐。

宝铎草

Disporum sessile D. Don

多年生直立草本。根茎短，匍匐茎长 1～5cm。茎高达 80cm，上部分枝或不分枝。叶宽椭圆形或长圆状卵形，基部近圆或宽楔形，无毛。伞形花序生于茎和分枝顶端，具 1～3 花；花黄色，花被片匙状倒披针形或倒卵形；雄蕊不伸出花被，花药长 4～8mm，花丝长 1.5～2cm；子房长 4～5mm，花柱长 1.5～2.3cm。浆果近球形，成熟时蓝黑色。花期 5～6 月，果期 7～11 月。

生于海拔 400m 以上的林下、林缘或灌丛中。根及根茎入药；夏秋季采挖，洗净，鲜用或晒干。具有润肺止咳、健脾消食、舒筋活络、清热解毒等功效。用于治疗肺痨咳嗽、咯血、食欲不振、胸腹胀满、肠风下血、筋骨疼痛、腰腿痛。

萱草（黄花菜、金针菜）

Hemerocallis fulva (L.) L.

多年生宿根草本。根近肉质，中下部膨大成纺锤状块根。叶基生成丛，条状披针形，背面被白粉。聚伞花序顶生，着花 6～10 朵，每花仅开 1 天，花橘红色至橘黄色，无香味，花被裂片反曲。蒴果矩圆形。花果期 5～7 月。

生于海拔 300～1050m 的溪边、沟谷或林下阴湿处。块根入药；夏秋季采挖，除去残茎、须根，洗净泥土，晒干。具有清热利湿、凉血止血、解毒消肿等功效。用于治疗水肿、小便不利、淋浊、带下病、黄疸、衄血、便血、崩漏、乳痈。

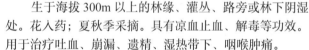

紫萼（紫玉簪）

Hosta ventricosa (Salisb.) Stearn

多年生草本。叶基生，卵形至卵圆形，长 10～17cm，宽 6.5～7cm，基部心形；具 5～9 对拱形平行的侧脉，柄长 14～42cm，两边具翅。花葶从叶丛中抽出，具 1 枚膜质的苞片状叶，后者长卵形，长 1.3～4cm（多数长 2～2.5cm）；总状花序，花梗长 6～8mm，基部具膜质卵形苞片，苞片长于花梗，稀稍短于花梗；花紫色或淡紫色；花被筒下部细，长 1～1.5cm，上部膨大成钟形，与下部近于等长，直径 2～3cm；花被裂片 6，长椭圆形，长 1.5～1.8cm，宽 8～9mm；雄蕊着生于花被筒基部，伸出花被筒外。蒴果圆柱形，长 2～4.5cm，顶端具细尖。种子黑色。

生于海拔 300m 以上的林缘、灌丛、路旁或林下阴湿处。花入药；夏秋季采摘。具有凉血止血、解毒等功效。用于治疗吐血、崩漏、遗精、湿热带下、咽喉肿痛。

野百合

Lilium brownii F. E. Brown ex Miellez

　　高大草本。鳞茎球形，径 2 ～ 4.5cm；鳞片披针形，长 1.8 ～ 4cm，无节。茎高达 2m，有的有紫纹，有的下部有小乳头状突起。叶散生，披针形、窄披针形或线形，长 7 ～ 15cm，宽 0.6 ～ 2cm，全缘，无毛。花单生或几朵成近伞形；花梗长 3 ～ 10cm；苞片披针形，长 3 ～ 9cm；花喇叭形，有香气，乳白色，外面稍紫色，向外张开或先端外弯，长 13 ～ 18cm；外轮花被片宽 2 ～ 4.3cm，内轮花被片宽 3.4 ～ 5cm，蜜腺两侧具小乳头状突起；雄蕊上弯，花丝长 10 ～ 13cm，中部以下密被柔毛，稀疏生毛或无毛，花药长 1.1 ～ 1.6cm；子房长 3.2 ～ 3.6cm，径约 4mm，花柱长 8.5 ～ 11cm。蒴果长 4.5 ～ 6cm，径约 3.5cm，有棱。花期 5 ～ 6 月，果期 9 ～ 10 月。

　　生于海拔 900m 以上的山坡、林缘草丛或疏林下。鳞茎入药；秋季采挖，洗净，剥下鳞叶，置沸水中略烫，干燥。具有养阴润肺、清心安神等功效。用于治疗阴虚久咳、痰中带血、失眠多梦、虚烦惊悸。

卷丹（卷丹百合、药百合）

Lilium lancifolium Thunb.

直立草本，株高 0.8 ～ 1.5m，具白色柔毛。鳞茎宽卵状球形，白色。叶矩圆状披针形至披针形，长 3 ～ 7.5cm，宽 1.2 ～ 1.7cm，两面近无毛，无柄，上部叶腋有珠芽，有 3 ～ 5 条脉。花 3 ～ 6 朵或更多，橙红色，下垂；花梗长 6.5 ～ 8.5cm，具白色柔毛；花被片 6，披针形或内轮花被片宽披针形，长 5.7 ～ 10cm，宽 1.3 ～ 2cm，反卷，内面具紫黑色斑点，蜜腺有白色短毛，两边具乳头状突起；雄蕊四面张开，花丝钻形，长 5 ～ 6cm，淡红色，无毛，花药矩圆形，长约 2cm。花期 6 ～ 7 月，果期 8 ～ 9 月。

生于海拔 350 ～ 800m 的山坡、林缘或灌丛中。鳞茎（鳞叶）入药；秋季采挖，洗净，剥取鳞叶，置沸水中略烫，干燥。具有养阴清肺、清心安神等功效。用于治疗阴虚燥咳、咯血、虚烦惊悸、失眠多梦、精神恍惚。

阔叶山麦冬

Liriope muscari (Decne.) L. H. Bailey

常绿宿根草本。根细长，分枝多，常局部膨大成纺锤形的小块根，小块根肉质，长达 3.5cm，宽 7 ～ 8mm。叶密集成丛，革质，长 25 ～ 65cm，宽 1 ～ 3.5cm，先端急尖或钝，基部渐狭，具 9 ～ 11 条脉，有明显的横脉。花葶通常长于叶，长 45 ～ 100cm；总状花序长 25 ～ 40cm，具多数花；花 4 ～ 8 朵簇生于苞片腋内；花梗长 4 ～ 5mm，关节位于中部或中部偏上；花被片矩圆状披针形或近矩圆形，长约 3.5mm，先端钝，紫色或红紫色；花丝长约 1.5mm，花药近矩圆状披针形；子房近球形，花柱长约 2mm，柱头 3 齿裂。种子球形，初期绿色，成熟时变黑紫色。花期 7 ～ 8 月，果期 9 ～ 11 月。

生于海拔 100 ～ 1200m 的山坡林下、林缘、路边灌丛、溪谷旁阴湿处。块根入药；立夏或清明前后采挖，剪下块根，洗净，晒干。具有养阴生津、清心除烦、益胃生津等功效。用于治疗肺燥干咳、吐血、咯血、肺痈、虚劳烦热、消渴、热病伤津、咽干、便秘。

麦冬

Ophiopogon japonicus (L. f.) Ker-Gawl.

多年生草本，有纺锤形块根。叶丛生，窄线形，先端急尖或渐尖，基部扩大并在边缘具膜质透明的叶鞘。花葶比叶短；总状花序穗状；花1～3朵簇生于苞片腋内，花梗略弯曲下垂；花被片6，淡紫色或白色；雄蕊6，花丝极短；子房近球形。浆果球形，暗蓝色。花期5～8月，果期7～9月。

生于海拔150～1500m的林下、林缘、溪边或山坡阴湿处。块根入药；夏季采挖，除去须根，洗净，晒干。具有养阴生津、润肺清心功效。用于治疗肺燥干咳、虚痨咳嗽、津伤口渴、心烦失眠、便秘。

华重楼（七叶一枝花、重楼）

Paris polyphylla Smith var. chinensis (Franch.) Hara

多年生草本，高35～100cm。根茎粗短，棕褐色。叶5～10，矩圆形、椭圆形或倒卵状披针形；叶柄常紫红色。花梗长5～16cm；外轮花被片绿色，4～6枚，狭卵状披针形；内轮花被片狭条形；雄蕊8～12，花药与花丝近等长或稍长，药隔突出；子房近球形，具棱，顶端具一盘状花柱基，花柱粗短。蒴果紫色。花期4～7月，果期8～11月。

生于海拔400m以上的林下、沟边、溪旁阴湿处。根茎入药；秋冬季采挖，去除须根及泥土，晒干或烘干。具有清热解毒、消肿止痛、凉肝定惊等功效。用于治疗毒蛇咬伤、咽喉肿痛、小儿惊风、疔疮肿毒、跌打损伤。

狭叶重楼

Paris polyphylla Smith var. *stenophylla* Franch.

多年生草本，株高 35 ～ 100cm。根茎肥厚，棕褐色，密生多数环节和许多须根。叶 8 ～ 13 片或 22 片轮生，披针形、倒披针形或条状披针形，先端渐尖，基部楔形，具短叶柄。外轮花被片叶状，5 ～ 7 枚，狭披针形或卵状披针形，先端渐尖，基部渐狭成短柄；内轮花被片狭条形，远比外轮花被片长；雄蕊 7 ～ 14，花药长 5 ～ 8mm，与花丝近等长，药隔突出部分极短；子房近球形，暗紫色，花柱明显，顶端具 4 ～ 5 分枝。花期 6 ～ 8 月，果期 9 ～ 10 月。

生于海拔 1000m 以上的密林下或沟谷阴湿处。根茎入药；秋季采挖，除去须根，洗净，晒干。具有清热解毒、消肿止痛、凉肝定惊等功效。用于治疗疔疮痈肿、咽喉肿痛、蛇虫咬伤、跌扑伤痛、惊风抽搐。

多花黄精（黄精、山姜）

Polygonatum cyrtonema Hua

多年生草本。根茎连珠状或结节状，肉质粗壮。茎高 50 ～ 100cm。叶互生，椭圆形或卵状披针形，先端渐尖。伞形花序具 2 ～ 7 花，总花梗长 1 ～ 4cm，花梗长 0.5 ～ 1.5cm；花被黄绿色。浆果黑色。花期 5 ～ 6 月，果期 8 ～ 10 月。

生于海拔 400 ～ 1200m 的沟谷、林下、林缘、溪旁或路边灌丛中。根茎入药；秋季采挖，去除茎叶与须根，洗净，蒸到透心后，晒干或烘干。具有养阴润肺、补气、健脾、益肾等功效。用于治疗脾虚胃弱、体倦乏力、口干食少、肺虚燥咳、精血不足、内热消渴。

长梗黄精（黄精）
Polygonatum filipes Merr.

多年生草本。根茎连珠状。茎高 30 ～ 70cm。叶互生，矩圆状披针形至椭圆形，先端渐尖，背面脉上有短毛。花序具 2 ～ 7 花，总花梗细丝状，长 3 ～ 8cm，花梗长 0.5 ～ 1.5cm；花被淡黄绿色。浆果黑色。花期 6 ～ 7 月，果期 9 ～ 10 月。

生于海拔 600 ～ 1100m 的山地沟谷、林下或路旁草丛中。根茎入药；秋季采挖，去除茎叶与须根，洗净，蒸到透心后，晒干或烘干。具有养阴润肺、补气、健脾、益肾等功效。用于治疗脾虚胃弱、体倦乏力、口干食少、肺虚燥咳。

节根黄精
Polygonatum nodosum Hua

多年生草本。根茎较细，节结膨大呈连珠状或稍呈连珠状，径 5 ～ 7mm。茎高 15 ～ 40cm，具 5 ～ 9 叶。叶互生，卵状椭圆形或椭圆形，长 5 ～ 7cm，先端尖。花序具 1 ～ 2 花，花序梗长 1 ～ 2cm；花被淡黄绿色，长 2 ～ 3cm，花被筒内面花丝贴生部分粗糙或具短柔毛，口部稍缢缩，裂片长约 3mm；花丝长 2 ～ 4mm，两侧扁，稍弯曲，具乳头状突起或短柔毛，花药长约 4mm；子房长 4 ～ 5mm，花柱长 1.7 ～ 2cm。浆果径约 7mm，具 4 ～ 7 粒种子。

生于海拔 1100m 以上的山地沟谷、林下、林缘。根茎入药；春秋季采挖，除去须根，洗净，置沸水中略烫或蒸到透心，晒干或烘干。具有补气养阴、健脾、润肺、益肾等功效。用于治疗脾胃气虚、体倦乏力、胃阴不足、口干食少、肺虚燥咳、咯血、精血不足、腰膝酸软、须发早白、内热消渴。

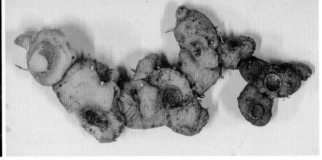

玉竹

Polygonatum odoratum (Mill.) Druce

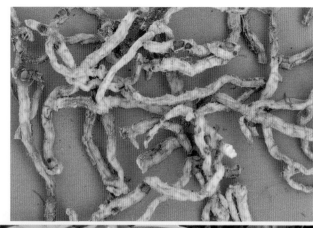

多年生草本。根茎细长，圆柱形。茎高 20 ～ 50cm。叶互生，椭圆形至卵状矩圆形，先端尖，背面灰白色。伞形花序具 1 ～ 4 花，总花梗长 1 ～ 1.5cm；花被黄绿色至白色。浆果蓝黑色。花期 5 ～ 6 月，果期 7 ～ 9 月。

生于海拔 300 ～ 1000m 的山坡、林下、林缘或灌丛中。根茎入药；秋季挖取，抖去泥沙，洗净，晒干或烘干。具有养阴润燥、生津止渴等功效。用于治疗肺胃阴伤、燥热咳嗽、咽干口渴、内热消渴。

吉祥草

Reineckea carnea (Andrews) Kunth

常绿草本。根茎蔓延于地面，逐年向前延长或发出新枝，每节上有一残存的叶鞘，顶端的叶簇由于茎的连续生长，有时似长在茎的中部，两叶簇间可相距几厘米至十几厘米。叶每簇有 3 ～ 8 片，条形至披针形，先端渐尖，向下渐狭成柄，深绿色。花葶长 5 ～ 15cm；穗状花序，上部的花有时仅具雄蕊；小花芳香，粉红色；裂片矩圆形；雄蕊短于花柱，花丝丝状，花药近矩圆形；花柱丝状。浆果熟时鲜红色。花果期 7 ～ 11 月。

生于海拔 200 ～ 1200m 的阴湿山坡、山谷、溪边或密林下。全草入药；全年可采挖，连根挖起，去除泥土，洗净，鲜用或晒干。具有清肺止咳、凉血止血、解毒利咽等功效。用于治疗肺热咳嗽、咽喉肿痛、吐血、衄血、便血、目赤、疮毒、疳积、跌打损伤、骨折。

鹿药
Smilacina japonica A. Gray

多年生草本，高 30 ～ 60cm。根茎横走，结节状肉质肥厚。茎单一，直立，上部倾斜。叶互生，长椭圆形，两面疏被粗毛，具短柄。圆锥花序顶生，小花多数，白色，花梗长 2 ～ 6mm；花被片 6，分离或基部稍合生；雄蕊 6，短于花被片；花柱与子房近等长。浆果球形，红色。花期 4 ～ 5 月，果期 6 ～ 8 月。

生于海拔 1500 ～ 1800m 的沟谷密林下。根茎入药；秋季采挖，去除茎叶与须根，洗净，晒干。具有祛风止痛、活血消肿功效。用于治疗风湿骨痛、神经性头痛。

菝葜（金刚藤、马加勒）
Smilax china L.

攀缘状灌木。根茎粗硬，不规则块状。茎疏生刺。叶通常宽卵形或圆形，薄革质或纸质，长 3 ～ 10cm，宽 1.5 ～ 5cm，背面淡绿色，有时具粉霜；叶柄长 5 ～ 15mm，具宽 0.5 ～ 1mm 的狭鞘，几都有卷须，脱落点位于靠近卷须处。伞形花序生于叶尚幼嫩的小枝上，常呈球形；总花梗长 1 ～ 2cm，花序托稍膨大，近球形，较少稍延长，具小苞片；花黄绿色；雌花与雄花大小相似，退化雄蕊 6。浆果球形，成熟时红色。花期 2 ～ 5 月，果期 9 ～ 11 月。

生于海拔 1200m 以下丘陵或山地林缘、灌丛、路旁。根茎入药；春夏季采挖，除去泥土及须根，晒干。具有祛风利湿、解毒消痈等功效。适用于治疗淋浊、带下、风湿痹痛、肌肉麻木、泄泻、痢疾、疔疮肿毒、瘰疬、痔疮。

土茯苓（光叶菝葜）
Smilax glabra Roxb.

攀缘灌木。根茎块状，常由匍匐茎相连，径 2～5cm。茎长达 4m，光滑，无刺。叶薄革质，窄椭圆状披针形，长 6～15cm，宽 1～7cm，背面常绿色，有时带苍白色；叶柄长 0.5～1.5cm，窄鞘长为叶柄的 1/4～3/5，有卷须，脱落点位于近顶端。伞形花序常有 10 余朵花；花序梗长 1～5mm，常短于叶柄；花序梗与叶柄之间有芽；花序托膨大，多少呈莲座状，宽 2～5mm；花绿白色，六棱状球形，径约 3mm；雄花外花被片近扁圆形，宽约 2mm，兜状，背面中央具槽，内花被片近圆形，宽约 1mm，有不规则齿；雄蕊靠合，与内花被片近等长，花丝极短；雌花外形与雄花相似，内花被片全缘，具 3 枚退化雄蕊。浆果径 0.7～1cm，成熟时紫黑色，具粉霜。

生于海拔 200～1100m 的山坡灌丛、林缘、路旁。根茎入药；夏秋季采挖，除去须根，洗净，干燥，或趁鲜切成薄片，干燥。具有解毒、除湿、通利关节等功效。用于治疗梅毒、筋骨疼痛、湿热淋浊、带下、痈肿、瘰疬、疥癣及汞中毒所致的肢体拘挛。

白背牛尾菜（大伸筋、钢卷须）
Smilax nipponica Miq.

多年生攀缘状草本，有根状茎。茎中空，无刺。叶卵形至矩圆形，先端渐尖，基部浅心形至近圆形，背面苍白色；叶柄脱落点位于上部，如有卷须则位于基部至近中部。伞形花序有花多数；总花梗稍扁；花序托膨大；花绿黄色，盛开时花被片外折；花被片内外轮相似；雄蕊的花丝明显长于花药；雌花与雄花大小相似，具 6 枚退化雄蕊。浆果熟时黑色，有白色粉霜。花期 4～5 月，果期 8～9 月。

生于海拔 200～1400m 的林下、林缘、溪边或山坡草丛中。根及根状茎入药；6～8 月采挖，洗净，晾干。具有壮筋骨、利关节、活血止痛等功效。用于治疗腰腿疼痛、屈伸不利、跌打肿痛、月经不调。

牛尾菜

Smilax riparia A. DC.

草质藤本，有根茎。茎中空，无刺。叶卵形至矩圆形，背面绿色，边缘浅波状；叶柄中部以下有卷须。伞形花序有花多数，花序托膨大；小苞片在花期不落；小花黄绿色，开放时花被片外卷；雌花比雄花略小，不具或具钻形退化雄蕊。浆果成熟时黑色。花期 6 ～ 7 月，果期 10 月。

生于海拔 300 ～ 1000m 的沟谷、林下、林缘或路边灌丛中。根及根茎入药；夏秋季采挖，除去杂质，洗净，干燥。具有补气活血、祛风湿、通经络等功效。用于治疗气虚浮肿、筋骨疼痛、咯血吐血。临床用于治疗慢性支气管炎。

藜芦
Veratrum nigrum L.

多年生高大草本，株高 30 ～ 100cm。茎基部具带网眼的纤维网。叶多数，近基生，狭长矩圆形，先端锐尖，基部下延为柄，抱茎。圆锥花序短缩或扩展而伸长，花序轴和花梗密生白色棉状毛；雄性花和两性花同株或有时整个花序具两性花；花被片反折，黑紫色或深紫堇色或棕色，矩圆形或矩圆状披针形；小苞片短于或近等长于小花梗，背面密生白色绵状毛；雄蕊纤细；子房无毛。蒴果直立。花果期 7 ～ 9 月。

生于海拔 1300m 以上的山地林缘、林下或灌丛中。根及根茎入药；夏秋季采挖，除去叶，洗净，晒干或鲜

用。具有涌吐、散淤、止痛、杀虫等功效。用于治疗中风、癫狂痰涎涌盛、疥癣、跌打淤肿。

牯岭藜芦（藜芦、棕包脚）
Veratrum schindleri Loes. f.

多年生高大草本，高约 1m，基部具棕褐色带网眼的纤维网。叶在茎下部的宽椭圆形。圆锥花序长而扩展，具多数近等长的侧生总状花序；总轴和枝轴生灰白色绵状毛；花被片伸展或反折，淡黄绿色或绿白色，近椭圆形；

雄蕊长为花被片的 2/3；子房卵状矩圆形。蒴果直立。花期 7 ～ 8 月，果期 9 ～ 10 月。

生于海拔 700m 以上的山坡、沟谷、林缘或灌丛中。根及根茎入药；夏季未抽花葶前采挖，除去叶，洗净，晒干或烘干。具有涌吐、散淤、止痛、杀虫等功效。用于治疗中风、癫狂痰涎涌盛、疥癣、跌打淤肿。

■ 石蒜科 Amaryllidaceae

仙茅（独脚丝茅）
Curculigo orchioides Gaertn.

多年生草本，高 10 ～ 40cm。根茎近圆柱状，粗厚，直生，直径约 1cm，长可达 10cm。叶基生，3 ～ 6 片，披针形，长 15 ～ 30cm，宽 6 ～ 20mm，有时散生长柔毛。花葶极短，隐藏于叶鞘内；苞片披针形，膜质；花黄色；

花被有疏长毛，筒部线形，长约 2.5cm，裂片 6，披针形，长 8 ～ 12mm；雄蕊 6；子房下位，有长毛，花柱细长，柱头棒状。浆果长矩圆形，长约 1.2cm，顶端宿存细长的花被筒，呈喙状。花果期 4 ～ 9 月。

生于海拔 230 ～ 700m 的山坡、林下、林缘草地或路边灌丛中。根茎入药；具有补肾阳、强筋骨、祛寒湿等功效。用于治疗阳痿精冷、筋骨痿软、腰膝冷痛、阳虚冷泻。

石蒜（红花石蒜）
Lycoris radiata (L'Her.) Herb.

草本。鳞茎近球形。叶丛生，线形或狭带状，顶端钝，背面粉绿色。花茎在叶前抽出，实心，高约 30cm；伞形花序有花 4 ～ 7 朵，花鲜红色；花被裂片狭倒披针形，反卷；

雄蕊 6，显著伸出花被外；子房下位。蒴果背裂。花期 8 ～ 10 月，果期 10 ～ 12 月。

生于海拔 330 ～ 1100m 的河边、沟谷、溪旁阴湿草丛中。鳞茎入药；全年可采挖，洗净，鲜用或晒干。具有祛痰催吐、解毒散结等功效。用于治疗咽喉肿痛、水肿、小便不利、痈肿疮毒、瘰疬、咳嗽痰喘。

■ 薯蓣科 Dioscoreaceae

黄独（黄药子、金线吊蛤蟆）
Dioscorea bulbifera L.

缠绕草质藤本。块茎卵圆形或梨形。茎左旋，叶腋内有紫棕色的球形或卵圆形珠芽。单叶互生，叶片宽卵状心形或卵状心形，边缘全缘或微波状。雄花序穗状，下垂，数个丛生于叶腋，雄花单生，密集，花被片紫色，雄蕊6；雌花序与雄花序相似，常2至数个丛生于叶腋。

蒴果反折下垂，三棱状长圆形，草黄色。花期7～10月，果期8～11月。

生于海拔250～1200m的河谷、沟边、林缘或路边灌丛中。块茎入药，有小毒；冬季采挖，洗去泥土，剪去须根后，晒干或烘干。具有消肿解毒、化痰散结、凉血止血等功效。用于治疗毒蛇咬伤、瘿瘤、咳嗽痰多、咯血、吐血、瘰疬、疮疡肿毒。

薯莨（红孩儿）
Dioscorea cirrhosa Lour.

缠绕粗壮藤本。块茎圆锥形、长圆形或卵圆形，棕黑色，栓皮粗裂具凹纹，断面红色，干后铁锈色。茎右旋，有分枝，近基部有刺。叶革质或近革质，长椭圆状卵形、卵圆形、卵状披针形或窄披针形，长5～20cm，宽2～14cm，先端渐尖或骤尖，基部圆，有时具三角状缺刻，全缘，背面粉绿色，基出脉3～5；叶柄长2～6cm。雄花序为穗状花序，常组成圆锥花序，有时单生叶腋，雄花外轮花被片宽卵形，内轮倒卵形，雄蕊6，稍短于花被片；雌花序为穗状花序，单生叶腋，雌花外轮花被片卵形，较内轮大。蒴果不反折，近三棱状扁圆形，长1.8～3.5cm，径2.5～5.5cm，每室种子着生果轴中部。种子四周有膜状翅。花期4～6月，果期7月至翌年1月。

生于海拔300～1200m的山坡、林缘、河谷、灌丛中。块茎入药，有小毒；5～8月采挖，洗净，鲜用或切片晒干。具有活血止血、理气止痛、清热解毒等功效。用于治疗产后出血、崩漏、咯血、衄血、尿血、便血、贫血、月经不调、痛经、跌打肿痛、关节痛、疖肿。

粉背薯蓣（粉萆薢）

Dioscorea collettii Hook. f. var. **hypoglauca** (Palibin) Pei et C. T. Ting

　　缠绕草质藤本。根茎横生，竹节状，断面黄色。茎左旋。单叶互生，叶片三角状心形或卵状披针形，基部心形，边缘波状。花单性，雌雄异株；雄花序单生或 2～3 个簇生于叶腋，花被碟形，黄色，雄蕊 3，着生于花被管上；雌花序穗状，子房长圆柱形。蒴果三棱形，顶端稍宽。花期 5～8 月，果期 7～10 月。

　　生于海拔 700m 以上的沟谷、溪边、林缘阴湿处。根茎入药；秋冬季采挖，除去须根，洗净，切片晒干。具有利湿祛浊、祛风除痹等功效。用于治疗膏淋、尿浊、带下病、风湿痹痛、腰膝酸痛。

日本薯蓣（野山药）

Dioscorea japonica Thunb.

　　缠绕草质藤本。块茎长圆柱形，断面白色或黄白色。茎右旋。单叶对生或互生；叶片纸质，变异大，三角状披针形、长卵形、宽卵心形或披针形；叶腋内有珠芽。雌雄异株，穗状花序；雄花绿白色或淡黄色，雄蕊 6；雌花的花被片为卵形或宽卵形。蒴果三棱状扁圆形或三棱状圆形。花期 5～10 月，果期 7～11 月。

　　生于海拔 150～1000m 的山坡疏林、沟谷、林缘、林下或路边灌丛中。块茎入药；夏秋季采挖，除去须根及泥沙，洗净，晒干。具有补脾养胃、生津益肺、补肾涩精等功效。用于治疗脾虚食少、久泻不止、肺虚咳嗽、肾虚遗精、尿频、虚热消渴。

■ 鸢尾科 Iridaceae

射干

Belamcanda chinensis (L.) Redouté

草本。根茎黄色。茎高 1 ～ 1.5m。叶互生，剑形，基部鞘状抱茎，无中脉。花序顶生，叉状分枝，每分枝的顶端聚生有数朵花；花梗及花序的分枝处均包有膜质的苞片；苞片披针形或卵圆形；花橙红色，散生紫褐色的斑点；花被裂片 6；雄蕊 3；子房下位，倒卵形。蒴果倒卵形或长椭圆形。花期 6 ～ 8 月，果期 7 ～ 9 月。

生于海拔 300m 以上的林缘、山坡、山顶灌丛中。根茎入药；春秋季采挖，洗净泥土，搓去须根，晒干。具有清热解毒、祛痰利咽等功效。用于治疗咽喉肿痛、痰咳气喘。临床用于治疗乳糜尿、水田皮炎。

蝴蝶花

Iris japonica Thunb.

多年生草本。直立的根茎扁圆形，节间短，棕褐色；横走的根茎节间长，黄白色。叶基生，暗绿色，有光泽，无明显中脉，剑形。花茎有 5 ～ 12 侧枝，顶生总状圆锥花序；苞片 3 ～ 5，膜质，2 ～ 4 花；花淡蓝色或蓝紫色；外花被裂片卵圆形或椭圆形，有黄色斑纹和细齿，中脉有黄色鸡冠状附属物，内花被裂片椭圆形；雄蕊花药白色；花柱分枝扁平，中脉淡蓝色，顶端裂片深裂成丝状，子房纺锤形。蒴果椭圆状卵圆形，无喙。种子黑褐色，呈不规则多面体。花期 3 ～ 4 月，果期 5 ～ 6 月。

生于海拔 250 ～ 1200m 的山坡、溪谷、河边、林缘阴湿处。根茎入药，有小毒；夏季采挖全株，除去叶及花葶，洗净，鲜用或切段晒干。具有消食、杀虫、通便、利水、活血、止痛、解毒等功效。用于治疗食积腹胀、虫积腹痛、水肿、牙痛、疮疡肿毒、瘰疬、子宫脱垂、跌打损伤。

■ 鸭跖草科 Commelinaceae

杜若（竹叶莲）
Pollia japonica Thunb.

多年生草本。根茎长而横走。茎直立或上升，粗壮，不分枝，高 30 ～ 80cm，被短柔毛。叶鞘无毛；叶无柄或叶基渐窄，下延成带翅的柄；叶片长椭圆形，基部楔形，先端长渐尖，近无毛，腹面粗糙。蝎尾状聚伞花序，常形成数个疏离的轮，或不成轮，花序轴和花梗密被钩状毛；总苞片披针形；萼片 3，无毛，宿存；花瓣白色，倒卵状匙形；全育雄蕊 6，近相等，有时 3 枚略小，偶 1 ～ 2 枚不育。果球状，黑色，每室种子数粒。花期 7 ～ 9 月，果期 9 ～ 10 月。

生于海拔 300 ～ 1200m 的沟谷、林下、林缘、路旁阴湿处。全草或根茎入药；夏秋季采收，洗净，鲜用或晒干。具有清热利尿、解毒消肿等功效。用于治疗热淋、腰痛、胃痛、跌打损伤、痈肿疔疮、蛇虫咬伤。

■ 谷精草科 Eriocaulaceae

长苞谷精草
Eriocaulon decemflorum Maxim.

草本。叶丛生，线形，长 6 ～ 13cm，脉 3 ～ 11。花葶 10，长 10 ～ 20cm，3 ～ 5 棱；鞘状苞片长 3 ～ 5cm；花序倒圆锥形或半球形，连总苞片长 4 ～ 5mm；外苞片约 14，长圆形或倒披针形，长 3.5（内）～ 6（外）mm，外部的无毛，内部的背面有白毛；总花托多无毛；苞片倒披针形或长倒卵形，长 2 ～ 3.7mm，背面上部及边缘有密毛。雄花：花萼 3 深裂，有时形成单裂片，裂片舟形，长 1.6 ～ 2.2mm，背面与先端有毛；花冠裂片 2（1），长卵形或椭圆形，近先端有腺体及多数白毛；雄蕊 4（2 ～ 5），花药黑色。雌花：花萼 2 裂或形成单裂片，长 1.8 ～ 2.3mm，背面与先端具毛；花瓣 2，倒披针状线形，近肉质，有黑色腺体，端部具白毛；子房 2（1）室，花柱分枝 2（1）。种子近圆形，具横格及"T"形毛。花期 8 ～ 9 月，果期 9 ～ 10 月。

生于海拔 1800m 以上的山顶潮湿处。全草或花序入药；秋季采收，将花序连同花茎拔出，洗净，晒干。具有疏散风热、明目退翳等功效。用于治疗风热目赤、眼生翳膜、风热头痛。

■ 天南星科 Araceae

金钱蒲（钱蒲、建菖蒲）
Acorus gramineus Soland.

多年生草本，高 20～30cm。根茎横走或斜伸，芳香，外皮淡黄色，须根密集，根茎上部多分枝，呈丛生状。叶基对折，两侧膜质叶鞘棕色；叶片厚，线形，绿色，极狭，宽不足 6mm，先端长渐尖，无中肋，平行脉多数。花序柄长 2.5～9（～15）cm；叶状佛焰苞狭短，宽仅 1～2mm；肉穗花序黄绿色，圆柱形，果序直径达 1cm，果黄绿色。花期 5～6 月，果 7～8 月成熟。

生于海拔 1800m 以下的山谷、溪流岩石上。根茎入药；全年可采挖，去除泥沙及须根，洗净，晒干。具有化痰开窍、化湿行气、祛风除痹、消肿止痛等功效。用于治疗脘痞不饥、噤口下痢、神昏癫痫、健忘耳聋。

石菖蒲（九节菖蒲）
Acorus tatarinowii Schott

多年生草本。根茎粗长，芳香，外部淡褐色；根肉质，具多数须根；根茎上部分枝甚密，植株因而呈丛生状，分枝常被纤维状宿存叶基。叶无柄，叶片薄，基部两侧膜质叶鞘宽可达 5mm，上延几达叶片中部；叶片暗绿色，线形，基部对折，中部以上平展，无中肋，平行脉多数，稍隆起。花序柄腋生，三棱形；叶状佛焰苞是肉穗花序长度的 2～5 倍或更长；肉穗花序圆柱状，上部渐尖，直立或稍弯；花白色。幼果绿色，成熟时黄绿色或黄白色。花果期 2～6 月。

生于海拔 20～2000m 的山谷溪流、阴湿岩石上或林下阴湿处。秋冬季采挖，除去须根和泥沙，晒干。具有开窍豁痰、醒神益智、化湿开胃等功效。用于治疗神昏癫痫、健忘失眠、耳鸣耳聋、脘痞不饥、噤口下痢。

花蘑芋（蒟蒻、花梗莲、花伞把）

Amorphophallus konjac K. Koch

　　高大草本。块茎扁球形，顶部中央多少下凹，暗红褐色，颈部周围生多数肉质根及纤维状须根。叶柄长，黄绿色，光滑，有绿褐色或白色斑块；叶片绿色，3 裂，1 次裂片具长 50cm 的柄，二歧分裂，2 次裂片二回羽状分裂或 2 次二歧分裂，小裂片互生，大小不等，基部的较小，向上渐大，长圆状椭圆形，骤狭渐尖，基部宽楔形，外侧下延成翅状。花序柄长，色泽同叶柄；佛焰苞漏斗形，长 20 ～ 30cm，基部席卷，苍绿色，杂以暗绿色斑块，边缘紫红色；檐部心状圆形，锐尖，边缘折波状，外面变绿色，内面深紫色；肉穗花序比佛焰苞长 1 倍，雌花序圆柱形，紫色；雄花序紧接；附属器为伸长的圆锥形，中空，深紫色。浆果球形或扁球形，成熟时黄绿色。花期 4 ～ 6 月，果 8 ～ 9 月成熟。

　　生于海拔 300 ～ 1100m 的疏林下、林缘或溪谷两旁湿润地，或栽培于房前屋后、田边地角。块茎入药；秋冬季采挖，洗净，鲜用或切片晒干。具有化痰消积、解毒散结、行淤止痛等功效。用于治疗痰咳、积滞、疟疾、瘰疬、症瘕、痈疖肿毒、毒蛇咬伤、烫火伤。

一把伞南星（天南星）

Arisaema erubescens (Wall.) Schott

高大草本。块茎扁球形。叶1；叶片放射状分裂，幼株裂片3～4，多年生植株裂片多至20，披针形、长圆形或椭圆形，无柄，长渐尖，常具线形长尾；叶柄长40～80cm，中部以下具鞘，红色或深绿色，具褐色斑块。花序梗比叶柄短，色泽与斑块和叶柄同，直立；佛焰苞绿色，背面有白色或淡紫色条纹，管部圆筒形，喉部边缘平截或稍外卷，檐部三角状卵形或长圆状卵形，先端渐窄，略下弯；雄花序长2～2.5cm，花密；雌花序长约2cm；附属器棒状或圆柱形，长2～4.5cm；雄花序的附属器下部光滑或有少数中性花，雌花序的具多数中性花；雄花具短梗，淡绿色、紫色或暗褐色，雄蕊2～4，顶孔开裂；雌花子房卵圆形，无花柱。浆果红色。花期5～7月，果期9月。

生于海拔500～1500m的山坡、林缘、沟谷或路旁。块茎入药；秋冬季茎叶枯萎时采挖，除去须根及外皮，干燥。具有散结消肿的功效；用于治疗痈肿、蛇虫咬伤。制天南星具有燥湿化痰、祛风止痉、散结消肿等功效；用于治疗顽痰咳嗽、风痰眩晕、中风痰壅、口眼歪斜、半身不遂、癫痫、惊风、破伤风。

天南星（异叶天南星）

Arisaema heterophyllum Blume

高大草本。块茎扁球形。叶1片；小叶片13～21，鸟足状排列，倒卵状矩圆形、矩圆状倒披针形至披针形，中间1片较其相邻者为小；叶柄长10～15cm。雌雄异株或同株；总花梗等长或稍长于叶柄，佛焰苞绿色，下部筒长4～5cm，上部向前弯曲；雄花序下部3～4cm部分具雄花，两性花序下部3cm为雌花而上部2cm疏生雄花，附属体紧接具花部分之上，向上渐细呈尾状，长达18cm；雄花具4～6花药，合生花丝短柄状，花药以椭圆形孔裂。

生于海拔300～1100m的山坡林下、林缘、路旁或林下阴湿处。块茎入药；秋冬季茎叶枯萎时采挖，除去须根及外皮，干燥。具有散结消肿的功效；用于治疗痈肿、蛇虫咬伤。制天南星具有燥湿化痰、祛风止痉、散结消肿等功效；用于治疗顽痰咳嗽、风痰眩晕、中风痰壅、口眼歪斜、半身不遂、癫痫、惊风、破伤风。

灯台莲

Arisaema sikokianum Franch. et Sav. var. **serratum**
(Makino) Hand.-Mazt.

草本。块茎扁球形。叶 2；叶鸟足状 5 ~ 7 裂，裂片卵形、卵状长圆形或长圆形，全缘或具锯齿，中裂片具长 0.5 ~ 2.5cm 的柄，长 13 ~ 18cm，侧裂片与中裂片距 1 ~ 4cm，与中裂片近相等，具短柄或无柄，外侧裂片无柄，较小，内侧基部楔形，外侧圆或耳状；叶柄长 20 ~ 30cm，下部 1/2 鞘筒状，鞘筒上缘近平截。花序梗略短于叶柄或几等长；佛焰苞淡绿色或暗紫色，具淡紫色条纹，管部漏斗状，长 4 ~ 6cm，上部径 1.5 ~ 2cm，喉部边缘近平截，无耳，檐部卵状披针形或长圆状披针形，长 6 ~ 10cm，稍下弯；雄肉穗花序圆柱形，长 2 ~ 3cm，花疏，雄花近无梗，花药 2 ~ 3，药室卵形，外向纵裂；雌花序近圆锥形，长 2 ~ 3cm，下部径 1cm，花密，雌花子房卵圆形，柱头圆，胚珠 3 ~ 4；附属器具细柄，直立，径 4 ~ 5mm，上部棒状或近球形。果序长 5 ~ 6cm，圆锥状，下部径 3cm；浆果黄色，长圆锥状。种子 1 ~ 2（~ 3）粒，卵圆形，光滑。花期 5 月，果期 8 ~ 9 月。

生于海拔 600 ~ 1500m 的阔叶林下、沟谷、林缘或阴湿处。块茎入药；夏秋季采挖，除去须根及茎叶，洗净，鲜用或晒干。具有燥湿化痰、息风止痉、消肿止痛等功效。用于治疗风痰眩晕、咳嗽、中风、癫痫、疮疡肿毒、蛇虫咬伤。

野芋（野芋头、野山芋）
Colocasia antiquorum Schott

多年生常绿草本。块茎球形，有多数须根；匍匐茎常从块茎基部外伸，长或短，具小球茎。叶柄长而肥厚，直立；叶片薄革质，表面略发亮，盾状卵形，基部心形。花序柄比叶柄短；佛焰苞苍黄色；肉穗花序短于佛焰苞；雌花序与不育雄花序等长；能育雄花序和附属器各长 4 ～ 8cm；子房具极短的花柱。

生于海拔 1500m 以下的山谷林下、林缘、河边、溪边阴湿处。块茎入药；夏秋季采挖，鲜用或切片晒干。具有清热解毒、散淤消肿、止痛等功效。用于治疗痈疖肿毒、瘰疬、乳痈、疥癣、跌打损伤、蛇虫咬伤。

滴水珠（石半夏、水半夏）

Pinellia cordata N. E. Brown

多年生草本。块茎球形或卵球形，密生多数须根。独叶，叶片多呈心状长圆形或心状戟形，腹面绿色，背面淡绿色或红紫色，先端长渐尖，有时尾状，基部心形；叶柄较叶片长，常呈紫色，下部及顶头有珠芽。佛焰苞绿色、淡黄色带紫色或青紫色，长 3 ～ 7cm，管部长 1.2 ～ 2cm，檐部椭圆形，长 1.8 ～ 4.5cm，直立或稍下弯；雌肉穗花序长 1 ～ 1.2cm；雄花序长 5 ～ 7mm；附属器青绿色，长 6.5 ～ 20cm，线形。花期 3 ～ 6 月，果期 8 ～ 9 月。

生于海拔 300 ～ 1600m 的沟谷、林下、林缘的流水阴湿处石缝中或岩壁上。块茎入药；春夏季采挖，洗净，鲜用或晒干。具有解毒消肿、散淤止血的功效。

半夏

Pinellia ternata (Thunb.) Breit.

草本。块茎球形。叶基出，一年生者为单叶，心状箭形至椭圆状箭形，二至三年生者为具 3 小叶的复叶，小叶卵状椭圆形至倒卵状矩圆形；叶柄长达 25cm，下部有 1 珠芽。花葶长达 30cm；佛焰苞全长 5 ～ 7cm，下部筒状部分长约 2.5cm；肉穗花序下部雌花部分长约 1cm，贴生于佛焰苞，雄花部分长约 5mm，二者之间有一段不育部分，顶端附属体长 6 ～ 10cm，细柱状；子房具短而明显的花柱；花药 2 室，药室直缝开裂。浆果卵形。

生于海拔 1600m 以下的荒地、旷野、田埂。块茎入药；夏秋季挖取，洗净，除去外皮和须根，晒干。具有燥湿化痰、降逆止呕、消痞散结等功效。用于治疗湿痰寒痰、咳喘痰多、痰饮眩悸、风痰眩晕、痰厥头痛、呕吐反胃、胸脘痞闷、梅核气；外治痈肿痰核。

犁头尖（独角莲）
Typhonium divaricatum (L.) Decne.

多年生草本。块茎椭圆形，褐色，有多数纤维状须根。叶片常呈戟状三角形；叶柄长度远大于叶片，基部呈鞘状，上部圆柱形。花序柄单一，从叶腋抽出，淡绿色，圆柱形；佛焰苞管部绿色，卵形，檐部红紫色，卷成长角状，花时展开，后仰，卵状长披针形，中部以上骤窄成下垂带状，先端旋曲；肉穗花序无梗；雌花序圆锥形，长 1.5 ～ 3mm；中性花序线形，长 1.7 ～ 4cm；雄花序长 4 ～ 9mm，橙黄色；附属器深紫色，具粪臭，长 10 ～ 13cm，具细柄，向上呈鼠尾状，近直立，下部 1/3 具疣皱；雄花近无梗，雄蕊 2；雌花子房卵形，黄色，无花柱，柱头盘状，具乳突，红色；中性花线形，长约 4mm，两头黄色，中部红色。花期 5 ～ 7 月。

生于海拔 300 ～ 1400m 的田边、村旁、荒坡石缝中。块茎入药；秋季采挖，洗净，鲜用或晒干。具有解毒消肿、散瘀止血的功效。

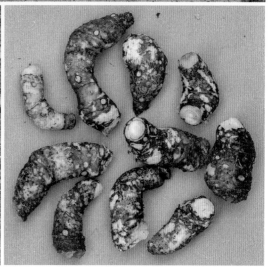

■ 莎草科 Cyperaceae

香附子
Cyperus rotundus L.

草本。地下根茎细长，有椭圆形块茎。秆单生，锐三棱形。叶基生，窄线形，叶鞘闭合包于秆上，棕色。复穗状花序，3 ～ 6 个在茎顶排成伞形，叶状总苞片 2 ～ 4 枚，常长于花序；复穗状花序具 3 ～ 10 个小穗；小穗宽线形，鳞片 2 列，膜质，两侧紫红色或红棕色，每鳞片内有 1 花。小坚果长圆状倒卵形或三棱形。花期 5 ～ 7 月，果期 8 ～ 11 月。

生于海拔 50 ～ 1100m 的河滩沙地、田边、荒地草丛中。块茎入药；秋季采收，用火燎去须根，晒干。具有理气解郁、调经止痛、安胎等功效。用于治疗肝郁气滞、脘腹胀满、消化不良、乳房胀痛、月经不调、经闭痛经。

■ 姜科 Zingiberaceae

山姜（土砂仁）
Alpinia japonica (Thunb.) Miq.

草本，具横生分枝的根茎。叶 2～5，叶片披针形或狭长椭圆形，背面被短柔毛；叶舌 2 裂，被短柔毛。总状花序顶生，花序轴密生绒毛；花通常 2 朵聚生，花萼棒状，被短柔毛；花冠裂片长圆形，外被绒毛，后方的 1 枚兜状，唇瓣卵形，白色而具红色脉纹；子房密被绒毛。果球形或椭圆形，橙红色。花期 4～8 月，果期 7～12 月。

生于海拔 350～1300m 的沟谷、溪边、林缘或林下阴湿处。根茎入药；夏秋季采挖，洗净，晒干。具有理气通络、止痛等功效。用于治疗胃痛、牙痛、风湿关节痛、跌打损伤。

舞花姜
Globba racemosa Smith

草本。地下有细长根茎。叶片长圆形或卵状披针形，两面脉上疏被柔毛；叶舌及叶鞘口具缘毛。圆锥花序顶生；花黄色；花萼管漏斗形，顶端具 3 齿；花冠裂片反折，唇瓣倒楔形，顶端 2 裂。蒴果椭圆形。花期 6～7 月，果期 8～9 月。

生于海拔 500～1300m 的沟谷、林缘、林下阴湿处。果实入药；秋冬季果实成熟时采收，晒干。具有健胃消食的功效。

蘘荷（野姜）

Zingiber mioga (Thunb.) Rosc.

草本，株高可达 1m。根茎淡黄色。叶披针状椭圆形或线状披针形，长 20～37cm，腹面无毛，背面无毛或疏被长柔毛，先端尾尖；叶柄长 0.5～1.7cm 或无柄；叶舌膜质，2 裂，长 0.3～1.2cm。穗状花序椭圆形，长 5～7cm；花序梗长 0～17cm，被长圆形鳞片状鞘；苞片覆瓦状排列，椭圆形，红绿色，具紫脉；花萼长 2.5～3cm，萼管顶端一侧开裂；花冠管较萼长，裂片披针形，长 2.7～3cm，淡黄色；唇瓣卵形，3 裂，中裂片长 2.5cm，中部黄色，边缘白色，侧裂片长 1.3cm，宽 4mm；花药、药隔附属体均长 1cm。蒴果倒卵圆形，成熟时 3 瓣裂，果皮内鲜红色。种子黑色，被白色假种皮。花期 8～10 月，果期 10～11 月。

生于海拔 400～1300m 的山地林缘、沟边、林下。根茎入药；夏秋季采挖，洗净，鲜用或切片晒干。具有活血调经、祛痰止咳、祛风止痛、解毒消肿等功效。用于治疗血崩经闭、月经不调、咳嗽气喘、腰腿痛、痈疽肿毒、胃寒腹痛、牙痛、跌打损伤。

■ 兰科 Orchidaceae

金线兰（花叶开唇兰、金线莲）

Anoectochilus roxburghii (Wall.) Lindl.

草本，株高达 18cm。茎具 3 ～ 4 叶。叶片卵圆形或卵形，长 1.3 ～ 3.5cm，腹面暗紫色或黑紫色，具金红色脉网，背面淡紫红色，基部近平截或圆；叶柄长 0.4 ～ 1cm，基部鞘状抱茎。花序具 2 ～ 6 花，长 3 ～ 15cm，花序轴淡红色，和花序梗均被柔毛，花序梗具 2 ～ 3 鞘状苞片。苞片淡红色，卵状披针形或披针形，长 6 ～ 9mm；子房被柔毛，连花梗长 1 ～ 1.3cm；花白色或淡红色；萼片被柔毛，中萼片卵形，舟状，长约 6mm，宽 2.5 ～ 3mm，与花瓣黏合呈兜状，侧萼片张开，近斜长圆形或长圆状椭圆形，长 7 ～ 8mm；花瓣近镰状，斜歪，较萼片薄；唇瓣位于上方，长约 1.2cm，呈"Y"形，前部 2 裂，裂片近长圆形或近楔状长圆形，长约 6mm，全缘，中部爪长 4 ～ 5mm，两侧各具 6 ～ 8 条、长 4 ～ 6mm 流苏状的细裂条，基部具圆锥状距，距长 5 ～ 6mm，上举指向唇瓣，末端 2 浅裂，距内具 2 枚肉质胼胝体；蕊柱长约 2.5mm，前面两侧具片状附属物；花药卵形；蕊喙直立，2 裂，柱头 2，位于蕊喙的基部两侧。花期 8 ～ 11 月。

生于海拔 300 ～ 1400m 的山地沟谷、林下阴湿处。全草入药；夏秋季采收，鲜用或晒干。具有清热凉血、除湿解毒的功效。用于治疗肺热咳嗽、痰喘、咯血、尿血、消渴、小便涩痛、肾炎水肿、小儿惊风、毒蛇咬伤。

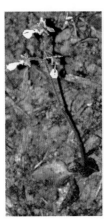

白及

Bletilla striata (Thunb. ex A. Murray) Rchb. f.

植株高 18 ～ 60cm。假鳞茎扁球形，上面具荸荠似的环带，富黏性。茎粗壮，劲直。叶 4 ～ 6 片，狭长圆形或披针形，长 8 ～ 29cm，宽 1.5 ～ 4cm，先端渐尖，基部收狭成鞘并抱茎。花序具 3 ～ 10 花，常不分枝或极罕分枝；花序轴或多或少呈"之"字状曲折；苞片长圆状披针形，长 2 ～ 2.5cm，开花时常凋落；花大，紫红色或粉红色；萼片和花瓣近等长，狭长圆形，长 25 ～ 30mm，宽 6 ～ 8mm，先端急尖；花瓣较萼片稍宽；唇瓣较萼片和花瓣稍短，倒卵状椭圆形，长 23 ～ 28mm，白色带紫红色，具紫色脉；唇盘上面具 5 条纵褶片，从基部伸至中裂片近顶部，仅在中裂片上面为波状；蕊柱长 18 ～ 20mm，柱状，具狭翅，稍弓曲。花期 4 ～ 5 月，果期 7 ～ 9 月。

生于海拔 100 ～ 1200m 的常绿阔叶林下、路边草丛、岩壁或石缝中。块茎入药；夏秋季采挖，除去须根，洗净，置沸水中煮或蒸至无白心，晒至半干，除去外皮，晒干。具有收敛止血、消肿生肌等功效。用于治疗咯血、吐血、外伤出血、疮疡肿毒、皮肤皲裂。

广东石豆兰
Bulbophyllum kwangtungense Schltr.

附生草本。根茎横走，假鳞茎疏生，直立，圆柱形，顶生 1 叶。叶长圆形，长约 2.5cm，先端稍凹缺；几无柄。花葶生于假鳞茎基部和根茎节上，高出叶外，花序梗径约 0.5mm；总状花序伞状，具 2～4（～7）花；花白色或淡黄色；萼片离生，披针形，长 0.8～1cm，中部以上两侧内卷，侧萼片比中萼片稍长，萼囊不明显；花瓣窄卵状披针形，长 4～5mm，宽约 0.4mm，全缘，唇瓣肉质，披针形，长约 1.5mm，宽 0.4mm，上面具 2～3 条小脊突，在中部以上合成 1 条较粗的脊；蕊柱足长约 0.5mm，离生部分长约 0.1mm，蕊柱齿牙齿状，长约 0.2mm。花期 5～8 月。

附生于海拔 500～900m 的山地树干或阴湿岩石上。全草入药；夏秋季采收，鲜用或蒸后晒干。具有清热消肿、滋阴润肺、止咳化痰等功效。用于治疗咽喉肿痛、乳腺炎、肺痨、咳嗽痰喘、吐血、咯血、高热口渴。

钩距虾脊兰
Calanthe graciliflora Hayata

陆生草本。假鳞茎相互靠近，近卵球形，具 3～4 鞘和 3～4 叶；假茎长 5～18cm，径约 1.5cm。叶片椭圆形或椭圆状披针形，长达 33cm，两面无毛；叶柄长达 10cm。花葶远高出叶外，被毛，花序疏生多花；花开展，萼片和花瓣背面褐色，内面淡黄色；中萼片近椭圆形，长 1～1.5cm，侧萼片与中萼片相似，但较窄；花瓣倒卵状披针形，长 0.9～1.3cm，宽 3～4mm，具短爪，无毛，唇瓣白色，3 裂，侧裂片斜卵状楔形，与中裂片近等大，基部约 1/3 贴生蕊柱翅外缘，先端圆钝或斜截，中裂片近方形或倒卵形，长约 4mm，先端近平截，稍凹，具短尖；唇盘具 4 个褐色斑点和 3 条肉质脊突，延伸至中裂片中部，末端三角形隆起；距圆筒形，长约 1cm，常钩曲，内外均被毛；蕊柱翅下延至唇瓣基部与唇盘两侧脊突相连；蕊喙 2 裂，裂片三角形。花期 3～5 月。

生于海拔 300～1500m 的山坡林下阴湿处。全草及根入药；夏秋季采收，洗净，鲜用或晒干。具有清热解毒、活血止痛等功效。用于治疗咽喉肿痛、风湿痹痛、跌打损伤、脱肛、痔疮。

金兰

Cephalanthera falcata (Thunb. ex A. Murray) Bl.

陆生兰，高 20 ～ 45cm。具粗短的根茎。茎直立，基部具 3 ～ 5 枚鞘。叶互生，4 ～ 7 片，椭圆形、椭圆状披针形至卵状披针形，渐尖或急尖，基部收狭抱茎。总状花序常有 5 ～ 10 花；苞片很小，短于子房；花黄色，直立，不张开或稍微张开；萼片菱状椭圆形，长 13 ～ 15mm，钝或急尖，具 5 脉；花瓣与萼片相似，但较短；唇瓣长 8 ～ 9mm，基部具囊，唇瓣的前部近扁圆形，长约 5mm，宽 8 ～ 9mm，上部不裂或浅 3 裂，上面具 5 ～ 7 条纵褶片，近顶端处密生乳突；唇瓣的后部凹陷，内无褶片；侧裂片三角形，或多或少抱蕊柱；囊明显伸出侧萼片之外，顶端钝；子房条形，长 1 ～ 1.5cm，无毛。花期 4 ～ 5 月，果期 8 ～ 9 月。

生于海拔 600 ～ 1500m 的山地草丛、灌丛或林下。全草入药；夏秋季采收，洗净，鲜用或晒干。具有清热泻火、祛风、解毒、消肿等功效。用于治疗咽喉肿痛、牙痛、毒蛇咬伤、风湿痹痛、骨折、扭伤。

铁皮石斛（黑节草、铁皮枫斗、吊兰）

Dendrobium officinale Kimura et Migo

多年生附生草本，株高 10 ～ 20（～ 60）cm。茎丛生，圆柱形，节间稍膨大。叶常集生于茎上部，稍肉质，矩圆状披针形至近卵形，全缘；叶鞘灰白色，膜质，具紫斑。总状花序生于茎的中上部，花序轴回折状弯曲，有花 2 ～ 5 朵；花淡黄绿色，芳香；萼片 3，中萼片长圆状披针形，侧萼片镰状三角形，萼囊显著；花瓣 3，唇瓣卵状披针形，基部两侧内卷，基部有 1 个胼胝体，上部具淡紫红色斑块及乳头状毛，合蕊柱紫色。蒴果倒卵形，具 3 棱。花期 6 ～ 7 月，果期 10 ～ 11 月。

生于海拔 300m 以上的溪边、沟谷阴湿岩石上或树上。茎入药；全年可采收，除去叶及须根，鲜用或晒干。具有清热滋阴、养胃生津等功效。用于治疗热病伤津、肺虚干咳、病后虚热、阴伤目暗。

斑叶兰（大斑叶兰、搜山虎）

Goodyera schlechtendaliana Rchb. f.

附生草本，高 15 ～ 35cm。根茎匍匐。茎具 4 ～ 6 叶，叶片卵形或卵状披针形，腹面具白色不规则的点状斑纹，基部扩大成抱茎的鞘。花茎直立，被长柔毛，具 3 ～ 5 枚鞘状苞片；总状花序具多数偏向一侧的花；花较小，白色或带粉红色；萼片背面被柔毛，中萼片舟形，与花瓣黏合呈兜状，侧萼片卵状披针形；花瓣菱状倒披针形；唇瓣卵形，基部凹陷呈囊状；蕊柱短，柱头 1，位于蕊喙之下。花期 7 ～ 8 月，果期 10 ～ 11 月。

生于海拔 800m 以上的山地沟谷、山坡林下阴湿处。全草入药；夏秋季采收，除去杂质，鲜用或晒干。具有润肺止咳、补肾益气、行气活血、解毒消肿等功效。用于治疗肺痨咳嗽、痰喘、肾气虚弱；外用可治疗毒蛇咬伤、骨节疼痛、痈肿疔毒。

绒叶斑叶兰（绒叶兰）
Goodyera velutina Maxim.

植株高 8 ～ 16cm。根茎伸长、匍匐、具节。茎直立，暗红褐色，叶 3 ～ 5 片。叶片卵形至椭圆形，长 2 ～ 5cm，宽 1 ～ 2.5cm，先端急尖，基部圆形，腹面深绿色或暗紫绿色，天鹅绒状，沿中肋具 1 条白色带，背面紫红色，具柄；叶柄长 1 ～ 1.5cm。花茎长 4 ～ 8cm，被柔毛，具 2 ～ 3 枚鞘状苞片；总状花序具 6 ～ 15 朵偏向一侧的花；苞片披针形，红褐色，长 1 ～ 1.2cm，宽 3 ～ 3.5mm，先端渐尖；子房圆柱形，绿褐色，被柔毛，连花梗长 8 ～ 11mm；花中等大；萼片微张开，背面被柔毛，淡红褐色或白色，凹陷，中萼片长圆形，长 7 ～ 12mm，宽 2.2 ～ 4mm，先端钝，具 1 脉，与花瓣黏合呈兜状；侧萼片斜卵状椭圆形或长椭圆形，长 8 ～ 12mm，宽 3.5 ～ 5mm，先端钝，具 1 ～ 3 脉；花瓣斜长圆状菱形，无毛，长 7 ～ 12mm，宽 3.5 ～ 4.5mm，先端钝，基部渐狭，上半部具 1 个红褐斑，具 1 脉；唇瓣长 6.5 ～ 9mm，基部凹陷呈囊状，内面有腺毛，前部舌状，舟形，先端向下弯；蕊柱长 2 ～ 3mm；花药卵状心形，先端渐尖；花粉团长 2.2 ～ 3mm；蕊喙直立，叉状 2 裂，长 2.5mm。花期 9 ～ 10 月。

生于海拔 900m 以上的山坡林下、林缘阴湿处。全草入药；夏秋季采收，除去杂质，洗净，鲜用或晒干。具有润肺止咳、补肾益气、行气活血、解毒消肿等功效。用于治疗肺痨咳嗽、痰喘、肾气虚弱；外用可治疗毒蛇咬伤、骨节疼痛、痈肿疔毒。

细叶石仙桃（石黄豆）
Pholidota cantonensis Rolfe

附生草本。根茎匍匐，密被鳞片状鞘，假鳞茎狭卵形或卵状长圆形，顶端生 2 叶。叶线形或线状披针形，基部收狭成柄。花葶生于幼嫩假鳞茎顶端；总状花序有 10 余朵花；花小，白色或淡黄色；中萼片卵状长圆形，稍呈舟状，侧萼片卵形，歪斜，花瓣宽卵形；唇瓣宽椭圆形，唇盘上无附属物；蕊柱粗短。蒴果倒卵形。花期 4 ～ 5 月，果期 8 ～ 9 月。

生于海拔 300 ～ 1000m 的沟谷、溪边或林缘阴湿处。全草入药；夏秋季采收，除去杂质，晒干或鲜用。具有滋阴降火、清热消肿等功效。用于治疗咽喉肿痛、乳蛾、口疮、高热口渴、急性关节痛、乳痈。

台湾独蒜兰（山慈姑）

Pleione formosana Hayata

半附生或附生草本。假鳞茎呈压扁的卵形或卵球形，上端渐狭成明显的颈，绿色或暗紫色，顶端具1叶。叶椭圆形或倒披针形，纸质，长10～30cm，宽3～7cm，先端急尖或钝，基部渐狭成柄；叶柄长3～4cm。花葶从无叶的老假鳞茎基部发出，直立，长7～16cm，基部有2～3枚膜质的圆筒状鞘，顶端通常具1花，偶见2花；苞片线状披针形至狭椭圆形，明显长于花梗和子房，先端急尖；花梗和子房长1.5～2.7cm；花白色至粉红色，唇瓣色泽常略浅于花瓣，上面具有黄色、红色或褐色斑，有时略芳香；中萼片狭椭圆状倒披针形或匙状倒披针形，先端急尖；侧萼片狭椭圆状倒披针形，多少偏斜，先端急尖或近急尖；花瓣线状倒披针形，稍长于中萼片，先端近急尖；唇瓣宽卵状椭圆形至近圆形，不明显3裂，先端微缺，上部边缘撕裂状，上面具2～5条褶片，中央1条褶片短或不存在；褶片常有间断，全缘或啮蚀状；蕊柱长2.8～4.2cm，顶部多少膨大并具齿。蒴果纺锤状，长4cm，黑褐色。花期3～4月，果期6～9月。

生于海拔800～1600m的林下或林缘腐殖质丰富的土壤和岩石上。假鳞茎入药，有小毒；夏秋季采收，除去茎叶、须根，洗净，蒸后晾至半干，再晒干。具有清热解毒、消肿散结等功效。用于治疗痈肿疔毒、瘰疬、喉痹疼痛、蛇虫咬伤。临床用于治疗肝硬化。

主要参考文献

陈斌, 赵家豪, 关庆伟, 等. 2018. 江西武夷山中亚热带南方铁杉针阔混交林群落组成与结构. 生态学报, 38(20): 7359-7372.

陈晓萍, 郭炳桥, 钟全林, 等. 2018. 武夷山不同海拔黄山松细根碳、氮、磷化学计量特征对土壤养分的适应. 生态学报, 38(1): 273-281.

陈艺林. 1988. 中国菊科千里光族八新种. 植物分类学报, 26(1): 50-57.

陈拥军, 季梦成, 邹菊花, 等. 2003. 江西武夷山自然保护区药用蕨类植物研究. 江西农业大学学报, (2): 236-239.

程景福. 1965. 江西蕨类植物志要. 南昌大学学报(理科版), (2): 89-106.

程景福, 徐声修. 1993. 江西石松类植物的分类与地理分布. 江西科学, (3): 164-170.

程景福, 徐声修, 陈少风, 等. 1998. 江西省植物科学研究简史与动向. 江西科学, (1): 37-42.

程林, 吴淑玉, 方毅, 等. 2015. 江西武夷山保护区野生葡萄科植物种质资源现状调查研究. 南方林业科学, 43(6): 21-23, 26.

程松林. 2008. 武夷山脉主峰地区凝冻灾害及其对自然资源的影响. 江西林业科技, (4): 22-25.

程松林. 2009. 凝冻灾害对江西武夷山白鹇种群的生态影响. 野生动物, 30(6): 314-316.

程松林, 郭英荣. 2011. 构建中国武夷山生物多样性安全体系的设想. 北京林业大学学报, 33(S2): 67-71.

范瑞瑞, 杨福春, 孙俊, 等. 2017. 不同月份和海拔黄山松各器官全氮和全磷含量比较及其相关性和异速关系分析. 植物资源与环境学报, 26(3): 69-77.

郭静霞, 李旻辉, 白金牛, 等. 2015. 药用植物资源蕴藏量估算方法的研究进展. 中国中药杂志, 40(9): 1654-1659.

国家药典委员会. 2010. 中华人民共和国药典. 2010年版. 一部. 北京: 中国医药科技出版社.

胡殿明, 刘仁林. 2008. 江西武夷山自然保护区大型真菌生态分布. 赣南师范学院学报, 29(6): 64-68.

胡启明. 1986. 中国东部和南部小檗属植物之研究. 植物研究, 1(2): 1-19.

胡忠俊, 赵娟, 张一林. 2018. 气候地形因子影响下江西热点地区珍稀濒危植物分布格局研究. 安徽农学通报, 24(22): 112-115.

黄小强. 1985. 江西铅山武夷山木本植物区系的研究. 江西农业大学学报, (3): 77-85.

黄友儒, 林来官, 张清其. 1981. 武夷山自然保护区的植被类型. 武夷科学, (1): 28-46.

黄兆祥. 1981. 江西的针叶林. 南昌大学学报(理科版), (1): 11-25.

季春峰. 2012. 江西蔷薇科植物新记录. 江西农业大学学报, 34(2): 419-420.

季春峰, 钱萍, 杨清培, 等. 2010. 江西特有植物区系、地理分布及生活型研究. 武汉植物学研究, 28(2): 153-160.

季春峰, 向其柏. 2004. 木犀属新资料. 南京林业大学学报(自然科学版), (2): 40-42.

季梦成, 陈拥军, 王静. 2002. 马头山自然保护区苔藓植物区系研究. 山地学报, (4): 401-410.

季梦成, 刘仲苓. 2000. 江西蔓藓科植物新记录. 南昌大学学报(理科版), (1): 101-102.

季梦成, 王小德, 林夏珍, 等. 2007. 产自武夷山的江西藓类植物新记录种. 浙江大学学报(农业与生命科学版), (3): 338-341.

江西省林科所, 江西省庐山植物园, 江西省共大总校, 等. 1975. 武夷山林区几种优良速生珍贵树种的调查研究. 林业科技, (3): 1-8.

蒋志刚, 纪力强. 1999. 鸟兽物种多样性测度的G-F指数方法. 生物多样性, (3): 61-66.

矫恒盛, 钟志宇, 程林, 等. 2009. 江西武夷山自然保护区森林群落木本植物多样性垂直规律研究. 江西林业科技, (1): 6-10.

李林初. 1988. 若干铁杉属植物核型的比较研究. 广西植物, 8(4): 324-328.

李曼, 郑媛, 郭英荣, 等. 2017. 武夷山不同海拔黄山松枝叶大小关系. 应用生态学报, 28(2): 537-544.

林来官. 1981. 中国虎耳草科一个新记录的属——涧边草属. 武夷科学, (1): 25-27.

林鹏, 叶庆华. 1985. 武夷山保护区植被研究Ⅱ. 黄岗山山顶草甸植被. 武夷科学, (5): 255-264.

林英. 1986. 江西森林. 北京: 中国林业出版社.

雷平, 袁荣斌, 兰文军, 等. 2013. 江西武夷山典型中山阔叶林的植被组成与群落结构. 安徽农业科学, 41(13): 5779-5782.

雷平, 邹思成, 兰文军. 2014. 不同干扰强度下江西武夷山河岸带阔叶林群落的结构与数量特征. 植物科学学报, 32(5): 460-466.

刘勇, 彭玉娇, 张琪, 等. 2016. 江西省6种野生植物分布新记录. 植物资源与环境学报, 25(2): 119-120.

刘勇, 杨世林, 龚千峰. 2015. 江西中药资源. 北京: 中国科学技术出版社.

罗伯特·福琼. 2016. 两访中国茶乡. 敖雪岗, 译. 南京: 江苏人民出版社.

罗桂环. 2002. 近代西方人对武夷山的生物学考察. 中国科技史料, (1): 34-40.

毛夷仙, 袁荣斌, 程英, 等. 2016. 江西武夷山国家级自然保护区蛛网萼群落的发现与保护建议. 南方林业科学, 44(2): 67-68, 72.

农植林. 1984. 武夷山森林植被初步观察. 江西农业大学学报, (4): 19-25.

秦仁昌. 1963. 亚洲大陆的金星蕨科的新分类系统. 植物分类学报, 8(4): 289-335.

秦仁昌. 1978. 中国蕨类植物科属的系统排列和历史来源. 植物分类学报, 16(3): 1-19.

秦仁昌. 1981. 福建蕨类植物新种(一). 武夷科学, (1): 1-12.

施兴华. 1981. 江西境内部分木本植物地理分布的研究. 江西农业大学学报, (Z1): 81-94.

舒枭, 杨志玲, 杨旭, 等. 2010. 不同种源厚朴苗期性状变异及主成分分析. 武汉植物学研究, 28(5): 623-630.

宋蝶, 王圣燕, 徐毅, 等. 2017. 江西武夷山气候变化及其未来变化预测. 科技创新导报, 14(19): 140-147.

孙俊, 王满堂, 程林, 等. 2019. 不同海拔典型竹种枝叶大小异速生长关系. 应用生态学报, 30(1): 165-172.

孙蒙柯, 程林, 王满堂, 等. 2018. 武夷山常绿阔叶林木本植物小枝生物量分配. 生态学杂志, 37(6): 1815-1823.

王钊颖, 程林, 王满堂, 等. 2018. 武夷山落叶林木本植物细根性状研究. 生态学报, 38(22): 8088-8097.

吴淑玉, 李剑萍, 郭洪兴, 等. 2016. 江西武夷山国家级自然保护区高等植物多样性. 南方林业科学, 44(6): 41-45.

姚振生, 曹岚, 刘信中, 等. 2001. 江西武夷山自然保护区植物区系研究//刘信中, 方福生. 江西武夷山自然保护区科学考察集. 北京: 中国林业出版社.

姚振生, 谭绍凡, 姚煜. 1998. 江西大青属药用植物资源及开发利用. 江西科学, (3): 50-53.

杨福春, 郭炳桥, 孙俊, 等. 2017. 武夷山不同海拔黄山松根系生物量季节变化特征. 应用与环境生物学报, 23(6): 1117-1121.

杨清培, 郭英荣, 兰文军, 等. 2017. 竹子扩张对阔叶林物种多样性的影响: 两竹种的叠加效应. 应用生态学报, 28(10): 3155-3162.

俞志雄. 1982. 江西石楠属一新种. 江西农业大学学报, (1): 5-6, 119.

俞志雄. 1983. 江西的新植物. 植物研究, (1): 150-154.

俞志雄. 1986. 江西产新变种植物. 植物研究, (1): 151-154.

俞志雄. 1988. 空心泡一新变种. 植物研究, (2): 139.

俞志雄. 1991. 江西悬钩子属新分类群. 云南植物研究, (3): 254-256.

俞志雄. 1999. 江西有花植物新分类群. 江西农业大学学报, (3): 387-388.

袁荣斌, 邹思成, 兰文军, 等. 2012. 江西武夷山国家级自然保护区南方铁杉资源调查初报. 江西林业科技, (4): 37-39, 60.

臧敏, 曾欢, 于彩云, 等. 2018. 江西珍稀濒危植物的地理分布差异. 福建林业科技, 45(3): 5-12.

詹选怀, 桂忠明, 彭焱松, 等. 2008. 庐山蕨类植物研究. 中国野生植物资源, (1): 24-27.

张琪. 2016. 江西武夷山自然保护区药用维管植物资源研究. 江西中医药大学硕士学位论文.

张志勇, 俞志雄. 2003. 江西悬钩子属的分类和地理分布. 热带亚热带植物学报, (1): 27-33.

郑万钧. 1981. 中国树种分类分布的研究. 林业科学, (4): 453-455.

郑万钧. 1983. 中国树木志. 第一卷. 北京: 中国林业出版社.

郑万钧, 傅立国. 1978. 中国植物志. 第七卷. 北京: 科学出版社.

郑媛, 郭英荣, 王满堂, 等. 2017. 武夷山不同海拔梯度黄山松叶片养分含量及其再吸收效率. 安徽农业大学学报, 44(3): 415-421.

中国植被编辑委员会. 1980. 中国植被. 北京: 科学出版社.

周永姣, 程林, 王满堂, 等. 2019. 武夷山不同海拔黄山松细根性状季节变化研究. 生态学报, (12): 1-9.

周运中. 2017. 西汉灭闽越的路线新考. 地方文化研究, (5): 81-87.

Magurran A E. 1988. Ecological Diversity and its Measurement. Princeton: Princeton University Press.

中文名索引

拉丁名索引